W0259286

Forschungsberichte

Band 115

Berichte aus dem
Institut für Werkzeugmaschinen
und Betriebswissenschaften
der Technischen Universität
München

Herausgeber:
Prof. Dr.-Ing. G. Reinhart
Prof. Dr.-Ing. J. Milberg

Springer-Verlag Berlin Heidelberg GmbH

Robert Lindermaier

Qualitätsorientierte Entwicklung von Montagesystemen

Mit 84 Abbildungen

Springer

Dr.-Ing. Robert Lindermaier
Institut für Werkzeugmaschinen und Betriebswissenschaften (iwb), München

Univ.-Prof. Dr.-Ing. G. Reinhart
o. Professor an der Technischen Universität München
Institut für Werkzeugmaschinen und Betriebswissenschaften (iwb), München

Univ.-Prof. Dr.-Ing. J. Milberg
o. Professor an der Technischen Universität München
Institut für Werkzeugmaschinen und Betriebswissenschaften (iwb), München

D91

ISBN 978-3-540-64686-0 ISBN 978-3-662-09620-8 (eBook)
DOI 10.1007/978-3-662-09620-8

Ursprünglich erschienen bei Springer-Verlag Berlin Heidelberg New York 1998

Gesamtherstellung: Hieronymus Buchreproduktions GmbH, München.

SPIN: 10685030 62/3020-543210

Geleitwort der Herausgeber

Die Produktionstechnik ist für die Weiterentwicklung unserer Industriegesellschaft von zentraler Bedeutung. Denn die Leistungsfähigkeit eines Industriebetriebes hängt entscheidend von den eingesetzten Produktionsmitteln, den angewandten Produktionsverfahren und der eingeführten Produktionsorganisation ab. Erst das optimale Zusammenspiel von Mensch, Organisation und Technik erlaubt es, alle Potentiale für den Unternehmenserfolg auszuschöpfen.

Um in dem Spannungsfeld Komplexität, Kosten, Zeit und Qualität bestehen zu können, müssen Produktionsstrukturen ständig neu überdacht und weiterentwickelt werden. Dabei ist es notwendig, die Komplexität von Produkten, Produktionsabläufen und -systemen einerseits zu verringern und andererseits besser zu beherrschen.

Ziel der Forschungsarbeiten des *iwb* ist die ständige Verbesserung von Produktentwicklungs- und Planungssystemen, von Herstellverfahren und Produktionsanlagen. Betriebsorganisation, Produktions- und Arbeitsstrukturen sowie Systeme zur Auftragsabwicklung werden unter besonderer Berücksichtigung mitarbeiterorientierter Anforderungen entwikkelt. Die dabei notwendige Steigerung des Automatisierungsgrades darf jedoch nicht zu einer Verfestigung arbeitsteiliger Strukturen führen. Fragen der optimalen Einbindung des Menschen in den Produktentstehungsprozeß spielen deshalb eine sehr wichtige Rolle.

Die im Rahmen dieser Buchreihe erscheinenden Bände stammen thematisch aus den Forschungsbereichen des *iwb*. Diese reichen von der Produktentwicklung über die Planung von Produktionssystemen hin zu den Bereichen Fertigung und Montage. Steuerung und Betrieb von Produktionssystemen, Qualitätssicherung, Verfügbarkeit und Autonomie sind Querschnittsthemen hierfür. In den *iwb*-Forschungsberichten werden neue Ergebnisse und Erkenntnisse aus der praxisnahen Forschung des *iwb* veröffentlicht. Diese Buchreihe soll dazu beitragen, den Wissenstransfer zwischen dem Hochschulbereich und dem Anwender in der Praxis zu verbessern.

Joachim Milberg *Gunther Reinhart*

Vorwort

Die vorliegende Dissertation entstand während meiner Tätigkeit als wissenschaftlicher Mitarbeiter am Institut für Werkzeugmaschinen und Betriebswissenschaften (*iwb*) der Technischen Universität München.

Herrn Prof. Dr.-Ing. Dr. h.c. Dr.-Ing. E.h. Joachim Milberg und Herrn Prof. Dr.-Ing. Gunther Reinhart, den Leitern dieses Instituts, gilt mein besonderer Dank für die wohlwollende Förderung und großzügige Unterstützung meiner Arbeit.

Bei Herrn Prof. Dr. -Ing. Udo Lindemann, dem Leiter des Lehrstuhls für Konstruktion im Maschinenbau der Technischen Universität München, möchte ich mich für die Übernahme des Koreferates und die aufmerksame Durchsicht der Arbeit sehr herzlich bedanken.

Weiterhin bedanke ich mich bei allen Mitarbeiterinnen und Mitarbeitern des Instituts sowie allen Studenten, die mich bei der Erstellung meiner Arbeit unterstützt haben, recht herzlich.

Und nicht zuletzt gilt ein besonderer Dank meiner Frau Bettina und unseren drei Kindern für die mentale Unterstützung sowie die nicht immer einfache Rücksichtnahme während der Erstellung der Arbeit.

München, im April 1998 *Robert Lindermaier*

Meinen Kindern
Philipp, Nina und Tim

Inhaltsverzeichnis

1 Einleitung

1.1 Motivation

Der **Standort Deutschland** ist neben anderen Standortnachteilen vor allem aufgrund seiner hohen Lohn- und Lohnnebenkosten in letzter Zeit Gegenstand zahlreicher Diskussionen (MILBERG 1994, S. 15). Um trotz dieser Rahmenbedingungen montageintensive, und damit personalkostenintensive Produkte konkurrenzfähig am Weltmarkt anbieten zu können, sehen sich viele inländische Betriebe gezwungen, ihre Montagebereiche in angrenzende Niedriglohnländer zu verlagern. Ein positiver Effekt dieser Entscheidung auf die Kosten- und damit auf die Wettbewerbssituation der Unternehmen wird unter Einbeziehung aller strategischen, betriebswirtschaftlichen und sozialpolitischen Gesichtspunkte allerdings stark angezweifelt (LOTTER 1995). Als Gründe werden insbesondere der Einflußverlust auf die Montagequalität der Produkte, der fehlende Wissenstransfer von der Montage zur Entwicklung und die negativen Auswirkungen auf die Beschäftigungssituation in den vor- und nachgelagerten Unternehmensbereichen genannt. Werden alle ökonomischen Konsequenzen in einem umfassenden wirtschaftlichen Vergleich[1] integriert, zeigt sich, daß der Standort Deutschland durch eine, wenn auch auf den ersten Blick kostenintensivere, Automatisierung anspruchsvoller Produktionsprozesse international wettbewerbsfähig ist (BLICK DURCH DIE WIRTSCHAFT 1996).

Die Strategie der **Kompensation von Standortnachteilen** durch Ausrüstungsinvestitionen hat zu einem expansiven Schub in der Automatisierungsbranche geführt (SPUR 1996). Am Beispiel des Auftragszuwachses im Bereich Montage, Handhabung und Industrieroboter (s. Bild 1.1) wird diese Tendenz deutlich. Im Jahre 1995 war mit einem Plus von 50 % ein überdurchschnittliches Wachstum bei inländischen Aufträgen in der für die Automatisierungstechnik repräsentativen Branche zu verzeichnen.

Für einen betriebswirtschaftlichen Vorteil im Vergleich der Konzepte Standortverlagerung und **Standorterhaltung mittels Investition** müssen die Automatisierungssysteme allerdings immer höheren Anforde-

[1] LOTTER (1996) führt diesen Vergleich am Beispiel der Montage eines Gleichstromelektromotors durch und berücksichtigt bei seiner Kostenrechnung direkte Montagekosten sowie logistik- und qualitätsbedingte Zusatzaufwendungen.

rungen genügen (LOTTER 1995). So nimmt zum einen als Folge von Sättigungserscheinungen die Produktdifferenzierung in einzelnen Marktsegmenten zu und erfordert damit eine hohe Varianten- und Stückzahlflexibilität der Anlagen (REINHART 1997, S. 185). Andererseits muß der entstehende Investitionsaufwand durch einen minimalen Aufwand im Betrieb der Anlagen möglichst rasch kompensiert werden. Eine Just-in-Time-Produktion der Montagesysteme und damit ein zeitlich konstanter Output der Anlagen auf qualitativ höchstem Niveau ist notwendig (FRAUENFELDER 1995).

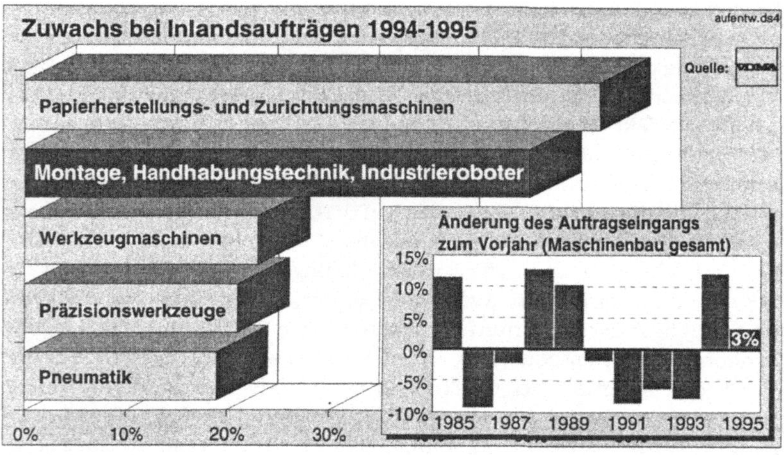

Bild 1.1: Änderung des Inlandauftragseingangs im Maschinenbau gesamt und in den fünf führenden Branchen.

Diese Anforderungen an eine hohe Qualität der Endprodukte und Ausfallsicherheit der Anlagen bei gleichzeitig geringem Betreuungsaufwand gilt es bei der Gestaltung von Montagesystemen zu berücksichtigen. Der Anbieter von Montagesystemen sieht sich in der Folge der Herausforderung gegenübergestellt, eine robuste Erfüllung der gesamten Anforderungen auch unter komplexen, variablen Einflußfaktoren zu erzielen (REINHART & LINDERMAIER 1996).

Unabhängig von den verantwortlichen Ursachen betrachtet ein Kunde jede Nichterfüllung seiner Forderungen als Fehler[2], der in der Investitionsgüterindustrie zu einem Rückgang des Verkaufsvolumens um bis zu

[2] Vergleiche hierzu die Definition des Fehlers nach DIN-NORM EN ISO 8402 (1994): „Nichterfüllung einer Anforderung."

4 % führen kann (BRUNNER 1987, S. 12). Die **Erfüllung der Kundenforderungen** und die **Fehlerfreiheit der Anlagen** muß damit neben der Reduzierung von Entwicklungskosten und Entwicklungszeit die zentrale Zielsetzung im Montageanlagenbau sein. SCHNEPF (1995, S. 30) fordert daher konsequent die Unterstützung der gesamten Montageplanungsphasen mit geeigneten Methoden und Hilfsmitteln des Qualitätsmanagements.

Mit dieser Motivation behandelt die vorliegende Arbeit die Integration des Qualitätsmanagements in den Montageanlagenbau zur Steigerung der Produkt- und Systemqualität. Für eine detaillierte Formulierung der Zielsetzung wird zunächst die Situation der beiden aufgabenbestimmenden Pole - der Entwicklungsprozeß und das Qualitätsmanagement - im Sondermaschinenbau beleuchtet.

1.2 Kennzeichen der Entwicklung automatisierter Montagesysteme

Montageanlagen zählen zu den **Investitionsgütern**, die sich von Konsumgütern abgrenzen als "Leistungen [...], die von Organisationen beschafft werden, um weitere Leistungen zu erstellen, die nicht in der Distribution an Letztkonsumenten bestehen" (BACKHAUS 1995, S. 7). Der Kunde ist kein anonymer Konsument, sondern stellt als systembetreibende Organisation Anforderungen, die insbesondere die langfristige Nutzung der Investition betreffen. Der Kunde besitzt folglich über den eigentlichen Planungsprozeß hinaus bis zur Gewährleistungsphase des Produkts eine hohe Bedeutung für den Anbieter. Neben diesem langfristigen Kundenbezug sind folgende Punkte als **wesentliche Charakteristika** der Unternehmen im Maschinen- und Anlagenbau zu nennen (vgl. EVERSHEIM U.A. 1996; WEIDMANN 1996, S. 5; BACKHAUS 1995, S. 432):

- eine extreme Projektorientierung,
- eine bedeutende Variabilität des Lieferumfangs und Auftragsinhalts und damit verbunden
- ein permanentes Informationsdefizit während der Planungsphase,
- eine hohe Komplexität und Vielfalt der Produkte,
- bedeutende Mitarbeiterpotentiale in den häufig mittelständischen Betrieben und
- Probleme bei der Anwendung von EDV und Planungsmethoden.

Automatisierte Montagesysteme durchlaufen in der Regel definierbare **Phasen im Entwicklungsprozeß** (vgl. BACKHAUS 1995, S. 434). In der

Planungsphase (s. Bild 1.2) erfolgt zunächst die Aufgabenklärung und die Formulierung der kundenspezifischen Anforderungen sowie der Einsatzbedingungen durch den Auftraggeber. Im Anschluß an die Angebots- und Verhandlungsphase sowie die Auftragsvergabe beginnt die Realisierungsphase der technischen Systeme. Diese wird nach VDI-RICHTLINIE 2221 (1993) in die Stufen der Entwicklung und Konstruktion, der Fertigung und Montage sowie des Versuchs und der Erprobung unterteilt. Die dritte Phase beinhaltet die Inbetriebnahme beim Kunden, die meist von letzten Optimierungsmaßnahmen begleitet und durch die technische Abnahme der Anlage beendet wird. Danach setzt die Betriebsphase beim Kunden ein, die während der Garantiezeit auch im Fokus des Herstellers liegt.

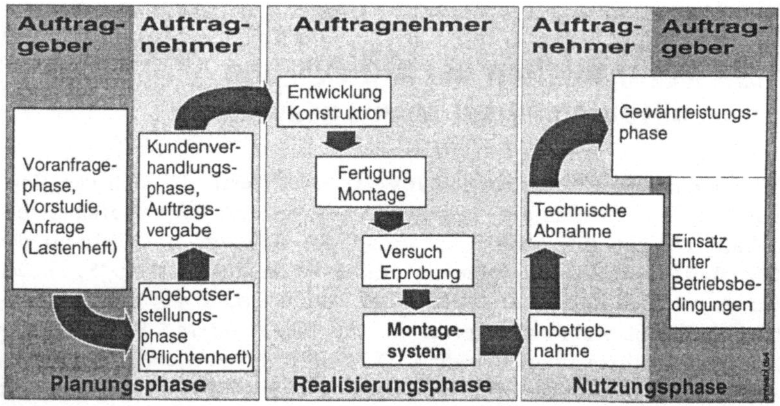

Bild 1.2: Lebensphasen und Entwicklungsablauf von Montagesystemen.

Wesentliches **Kennzeichen dieses Entwicklungsprozesses** ist, daß die Investitionsentscheidung des Systembetreibers und damit der Beschluß zur Automatisierung häufig ungeachtet einer detaillierten Montageplanung beim Hersteller getroffen wird. Die Realisierungsphase steht folglich unter dem Druck der wirtschaftlichen Umsetzung von Anforderungen, die noch ohne fundierte Kenntnis aller qualitätsrelevanten Einflußfaktoren festgelegt wurden. Dieses Vorgehen ist insbesondere in der feinwerk- und elektrotechnischen Industrie anzutreffen. Die fortgeschrittene Normung der Produkte, eine große Stückzahlleistung sowie der beachtliche Montageanteil an den Produktkosten liefern die Voraussetzungen für eine frühzeitige Automatisierungs- und Investitionsentscheidung (SPUR & STÖFERLE 1986, S. 713). Die Produkte und zugehörigen Montagesysteme dieser Branchen stehen im Fokus der vorliegenden Arbeit.

Eine auf die Einflußfaktoren **präventiv ausgerichtete Entwicklungsmethode** erscheint vor dieser Situation als unabdingbares Hilfsmittel einer anforderungsgerechten Realisierung der Montagesysteme. Neben Kosten- und Terminforderungen müssen die kundenorientierten Qualitätsaspekte im Mittelpunkt der Entwicklungsaktivitäten stehen. Die Methoden des Qualitätsmanagements, die in den letzten Jahren verstärkt in den Entwicklungsprozeß von Serienprodukten integriert wurden (BRAUER 1996, S. 24), bieten dazu einen Lösungsansatz. Die Umsetzung in die strategische und operative Arbeit im Anlagenbau fehlt allerdings bislang (GÖTTMANN 1995, S. 105 FF).

1.3 Einsatz von Qualitätsmethoden im Sondermaschinenbau

Das Thema **Qualität**[3] gilt in der Investitionsgüterindustrie als bedeutender Wettbewerbsfaktor. Dies zeigt eine Studie, in der 90 % der Befragten innerhalb der Trias Qualität-Kosten-Zeit dem Faktor Qualität die höchste Bedeutung zusprechen (ORENDI 1993, S. 2). Die oft noch übliche Praxis, diese Qualität durch kostenintensive Iterationsschleifen zu erzeugen, muß jedoch in Zukunft durch ein kontinuierliches Qualitätsmanagement von der Planungs- bis zur Nutzungsphase der Systeme abgelöst werden. Ziel muß eine deutliche Reduzierung der Fehlerkosten sein, da diese mit einem Anteil von bis zu 70 % an den Gesamtqualitätskosten in den Unternehmen des Montageanlagenbaus noch immer eine dominante Rolle spielen.

Das **Qualitätsmanagement** umfaßt Tätigkeiten der Qualitätsplanung, -lenkung und -verbesserung im gesamten Lebenszyklus eines Produkts. Zur Unterstützung dieser Aktivitäten steht ein umfangreicher Methodenbaukasten zur Verfügung, der auch für die Verbesserung der Qualität komplexer Produktionsanlagen nutzbar ist (REINHART U.A. 1996, S. 296). Allerdings haben sich in den letzten Jahren hiermit nur wenige Arbeiten auseinandergesetzt, wohingegen Themen über die Integration der Methoden im Bereich der Massenfertigung sehr ausführlich behandelt werden (WEIDMANN 1996, S. 4).

[3] Definition der Qualität nach DIN-NORM EN ISO 8402 (1994): „Gesamtheit von Merkmalen und Merkmalswerten einer Einheit bzgl. ihrer Eignung, festgelegte und vorausgesetzte Erfordernisse zu erfüllen."

Die **geringe Verbreitung der Methoden** im Montageanlagenbau ist vor allem auf die bereits beschriebene Charakteristik der Unternehmen zurückzuführen. Aufgrund der hohen Produktkomplexität sowie der geringen Umlagefähigkeit der Planungskosten durch niedrige Anlagenstückzahlen ist eine direkte Übertragbarkeit der häufig aufwendigen, methodischen Werkzeuge nur begrenzt möglich. So ist die Methode QFD zur Umsetzung von Kundenforderungen in Produktspezifikationen bereits bei einfachen Produkten sehr unübersichtlich, bei komplexen Planungstätigkeiten kaum mehr wirtschaftlich einsetzbar (vgl. Abschnitt 3.3.2.1). Auch die eingeschränkten Personalressourcen der kleinen und mittleren Unternehmen erschweren die Anwendung. Nicht zuletzt ist der hohe Personaleinsatz bei der Fehler-Möglichkeits- und Einflußanalyse das größte Hemmnis bei Anwendung dieser Methode (EBNER 1996, S. 36).

Trotz dieses Aufwands beim Einsatz qualitätssteigernder Methoden nimmt mittlerweile die Qualität der Systeme und Produkte eine derart dominante Rolle ein, daß dies Anlaß und Motivation genug sein muß, in ein kontinuierliches Qualitätsmanagement zu investieren (PFEIFER 1993, S. 12). Im Rahmen der Projektabwicklung in der Montageplanung werden allerdings vorwiegend funktions- und technologisch orientierte Aspekte berücksichtigt (SELIGER 1988, S. 46). Bislang fehlt für den Bereich der Montagesysteme ein Instrumentarium, das Trilemma zwischen Qualität, Kosten und Zeit zu lösen. Die Entwicklung geeigneter Ansätze zur Integration von Qualitätsmethoden in die Montageplanung ist daher unbedingt erforderlich.

1.4 Zielsetzung und Vorgehensweise der Arbeit

Ziel ist die Konzeption, Implementierung und Umsetzung einer Methode zur qualitätsorientierten Entwicklung und Bewertung automatisierter Montagesysteme. Damit sollen dem Hersteller von Montageanlagen Werkzeuge bereitgestellt werden, die eine Ausrichtung der Planungsaktivitäten auf die vom Kunden geforderten Qualitätsmerkmale ermöglichen. Zur Eingrenzung der zu bearbeitenden Problemstellung sollen die Betrachtungen auf vollautomatisierte Montagesysteme der Kleingeräte- und Elektroindustrie beschränkt werden.

Das Ziel soll durch folgende **Vorgehensweise** erreicht werden (s. Bild 1.3). Zur Hinführung an die Thematik werden im **zweiten Kapitel** die Anforderungen der Systembetreiber und qualitätsbestimmende Elemente von Montagesystemen vorgestellt. Anhand von Untersuchungen bestehender Systeme wird die Wirkung qualitätsbeeinflussender Faktoren

Bild 1.3: Vorgehensweise und Zuordnung zu den Kapiteln der Arbeit.

auf die Qualitätsmerkmale beschrieben. Im **dritten Kapitel** wird der Stand der Technik von Planungs- und Qualitätsmethoden in der Montage vorgestellt. Dabei sollen das in der konventionellen Montageplanung übliche Informationsangebot sowie Techniken zur Bewertung der Systeme hinsichtlich ihrer Anforderungserfüllung fokussiert werden.

Aus den Erfordernissen des Systemverhaltens und den Defiziten des aktuellen Stands der Technik werden im **vierten Kapitel** die Anforderungen an eine geeignete qualitätsorientierte Entwicklungsmethode abgeleitet.

Im **fünften Kapitel** erfolgt die Konzeption der Methode sowie die Detaillierung des Entwicklungsablaufs. Dabei werden Entwicklungsphasen, Arbeitsschritte sowie ein Werkzeug zur qualitätsorientierten Montagesystementwicklung vorgestellt. Soweit notwendig werden bestehende Werkzeuge des Qualitätsmanagements an die Situation der Montagesysteme adaptiert.

Zur Reduzierung von Entwicklungszeit und -kosten ist eine organisatorische und informationstechnische Umsetzung in den Unternehmen des Anlagenbaus erforderlich. Dazu erfolgt im **sechsten Kapitel** die Einbindung in die Aufbauorganisation sowie eine Integration in Simultaneous-Engineering-Projekte. Weiterhin wird ein grundlegendes Datenmodell zur rechnerunterstützten Anwendung konzipiert.

Im **letzten Kapitel** wird beispielhaft die Anwendung der Methode und Werkzeuge in einem mittelständischen Unternehmen der Montagetechnik aufgezeigt und bewertet.

2 Qualitätsverhalten automatisierter Montagesysteme

2.1 Einführung

Zur Analyse des Qualitätsverhaltens ist die Meßbarkeit von Qualität und der darauf einflußnehmenden Faktoren sowie die Eingrenzung und Beschreibung des jeweiligen Betrachtungsobjekts notwendig. In diesem Kapitel werden aus den Anforderungen des Systembetreibers Qualitätsmerkmale automatisierter Montagesysteme abgeleitet und in quantifizierbarer Form definiert. Im Anschluß erfolgt die Strukturierung der Montageanlagen in die qualitätsbestimmenden Funktions- und Systemelemente. Das reale Einsatzverhalten der Anlagen wird durch Einflüsse außerhalb des Montagesystems beeinträchtigt, die ein wesentliches Optimierungspotential darstellen. Die Einflüsse werden anhand durchgeführter Untersuchungen an Montagesystemen erläutert und ihre stochastische Wirkung veranschaulicht.

2.2 Anforderungen an Montagesysteme

2.2.1 Ökonomische und technische Anforderungen

Die Erfordernisse im Montageanlagenbau werden innerhalb der Planungsphase des Entwicklungsprozesses durch den späteren Betreiber der Systeme festgelegt und beziehen sich zunächst auf die vom System durchzuführende **Montageaufgabe**, die im Lastenheft formuliert wird (Produkt, Variantenumfänge, Montageprozesse, etc.). Bei der Auftragserteilung wird die Realisierung dieser funktionalen Anforderungen grundsätzlich vorausgesetzt.

Die wesentlichen Anforderungen leiten sich aus der Forderung des Betreibers nach einer maximalen Produktivität der Anlage ab. Als Produktivität wird das **Aufwand-Ertrags-Verhältnis während der Nutzungsphase** bezeichnet (BULLINGER U.A. 1993, S. 33), das wie in Bild 2.1 dargestellt, beispielsweise die Amortisationszeit einer Anlage entscheidend beeinflußt. Die grundlegende Produktivitätsforderung stellt die Ausgangsbasis der im Rahmen dieser Arbeit betrachteten Anforderungen dar.

LOTTER (1992, S. 360) nennt als **Anforderungen bezüglich des Systemertrags** die Ausbringungsleistung der Montagesysteme, deren Vorgabe vom Betreiber aus dem Produktionsprogramm und dem betriebsbezogenen Nutzungsgrad ermittelt wird. Unter Beachtung des voraussichtlichen Störverhaltens der einzelnen Systemelemente leitet sich daraus die erforderliche Ausstoßfrequenz der Anlage und damit die theoretische Taktrate[4] einzelner Komponenten ab. Zusätzlich zur rein mengenbezogenen Anforderung muß der Qualitätsgrad der Ausbringung und ursächlich die Prozeßsicherheit der Montageprozesse berücksichtigt werden. Jede fehlerhaft montierte und anschließend aussortierte Baugruppe sowie der Anteil nicht-anforderungsgerechter Endprodukte führen zu deutlichen Nutzungsverlusten (ZIERSCH 1985, S. 4).

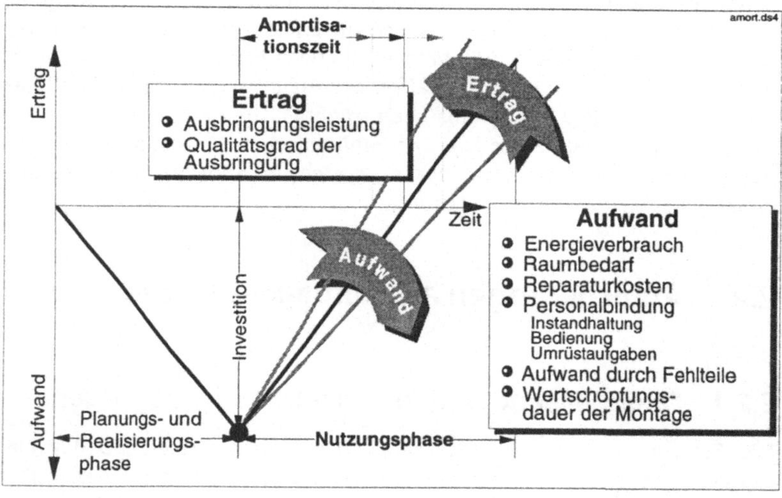

Bild 2.1: Ertrag und Aufwand als Grundlage der Anforderungen des Systembetreibers.

Monetäre Basis der **Anforderungen bezüglich des Systemaufwands** ist zum einen der Maschinenstundensatz, der sich aus Zins- und Abschreibungskosten sowie Energie-, Raum- und Instandhaltungskosten berechnet (LOTTER 1992, S. 390). Mit Ausnahme der Zins- und Abschreibungskosten, die sich auf den Wiederbeschaffungswert der Anlage

[4] Die Taktrate kann als eigenständige Forderung notwendig werden, wenn die Anlage taktgenau an vor- oder nachgelagerte Bereiche gekoppelt ist und Pufferverluste vermieden werden sollen.

(abgeleitet aus der Investition[5]) beziehen, lassen sich die Kostenarten auf technische Eigenschaften wie Energieverbrauch, Raumbedarf und Wartungsaufwand zurückführen. Zum anderen entsteht weiterer Betriebsaufwand durch eine z.B. für Umrüst- und kurzfristige Entstörarbeiten sowie kontinuierliche Überwachungs- und Bedientätigkeiten erforderliche Personalbindung des Systems. Bei kostenintensiven, ökologisch bedenklichen oder sicherheitsgefährdenden Montageprodukten (z.B. Airbag) muß zusätzlich der Aufwand für Nacharbeit bzw. Demontage und Entsorgung entstehender Fehlteile berücksichtigt werden (vgl. BULLINGER 1986, S. 61). Auch die Wertschöpfungsdauer des Montageablaufs zählt zu den Faktoren des Betriebsaufwands (WANG 1995, S. 45). Sie summiert sich aus den Prozeßzeiten der Komponenten und steht in direkter Relation zum Wirkungsgrad eines Montageablaufs, der sich aus Primär- und Sekundärmontagevorgängen ergibt (LOTTER 1992, S. 67).

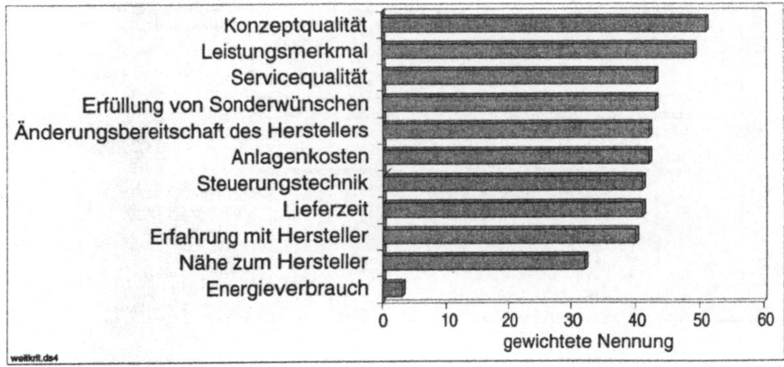

Bild 2.2: Kriterien bei der Anschaffung einer neuen Montageanlage (REINHART & LINDERMAIER 1994, S. 12).

Neben diesen ökonomisch begründeten Anforderungen sind nach einer Umfrage bei 20 Anwendern von Montagesystemen **weitere Kriterien** beim Kauf der Anlage ausschlaggebend (s. Bild 2.2). Bemerkenswert ist dabei, daß Merkmale wie Änderungsbereitschaft oder Servicequalität des Herstellers höher gewichtet werden als Kosten und Lieferzeit der Montageanlagen. Weitere Forderungen, die in der Befragung genannt wurden, wie z.B. Dokumentation, Emissionsverhalten oder Sicherheits-

[5] Die Minimierung der Investitionskosten (Planungskosten, Anlagenkosten, etc) bei der Entwicklung von Montagesystemen wird in dieser Arbeit nicht weiter betrachtet. Hierzu bietet beispielsweise SCHNEPF (1995) innerhalb einer zielkostenorientierten Montageplanung gute Ansätze.

einrichtungen betreffen vorrangig die Unternehmenspolitik des Herstellers oder unterliegen gesetzlichen Bestimmungen.

2.2.2 Qualitätsmerkmale

Die aufgeführten Anforderungen müssen zur Überprüfung der Zielerfüllung mit Hilfe umsetz- und meßbarer **Qualitätsmerkmale** präzise formuliert werden. Unter Qualitätsmerkmalen werden beliebige, feststellbare Eigenschaften eines Objekts verstanden (HERING U.A. 1993, S. 9).

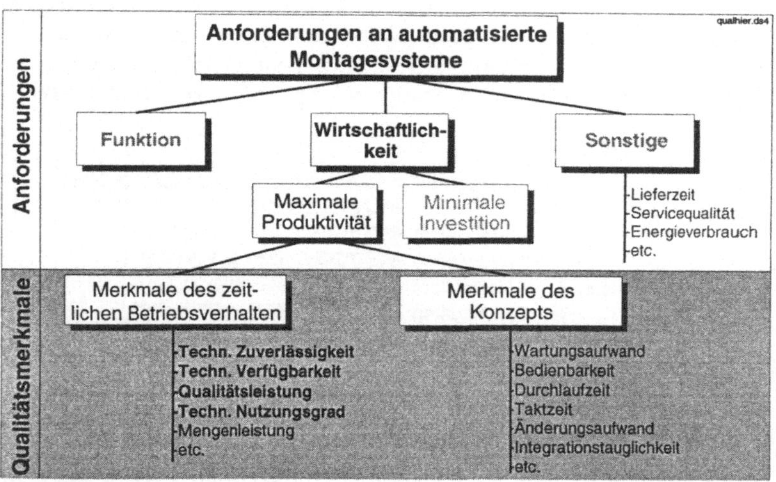

Bild 2.3: *Anforderungen und Qualitätsmerkmale bei Montagesystemen (in Anlehnung an REISCH 1978).*

Nach REISCH (1978, S. 39) können bei Montagesystemen meßbare Eigenschaften in Bezug auf die Ausführung, das Konzept und das Betriebsverhalten unterschieden werden. Dabei haben die **Merkmale der Ausführung** wie z.B. Eigenschaften der verwendeten Werkstoffe oder die Verarbeitungsqualität der Systemelemente dominanten Einfluß auf die Erfüllung der Anforderungen des Systembetreibers (vgl. Abschnitt 2.4.2 ff) und sind entsprechend zu berücksichtigen. Sie tragen zwar indirekt zur Gebrauchstauglichkeit der Anlage bei, werden aber vom Kunden nicht explizit gefordert. Die zuvor erörterten ökonomischen Anforderungen des Betreibers lassen sich den **Merkmalen des Konzepts und des zeitlichen Betriebsverhaltens** zuordnen. In Normen und weiteren Arbeiten zum Thema[6] existieren zur quantitativen Beschreibung dieser Qualitätsmerkmale zahlreiche, zum Teil geringfügig differierende Definitionen.

Bild 2.3 zeigt eine abschließende Zusammenstellung der Anforderungen und Qualitätsmerkmale von Montagesystemen, die in der zu entwickelnden Methode zu berücksichtigen sind. Für das weitere Vorgehen der Arbeit ist es notwendig, die häufig verwendeten Merkmale (in Bild 2.3 fett gedruckt) des zeitlichen Betriebsverhaltens detaillierter vorzustellen.

Technische Zuverlässigkeit

Das Merkmal technische Zuverlässigkeit entspricht der technischen Funktionszuverlässigkeit nach DIN-NORM 40041 (1990). Sie ist ein ereignisbezogenes Maß, das die Störungsfreiheit einer Funktion in einem festgelegten Zeitintervall angibt. Nach BITTER U.A. (1986, S. 88) ist

$$Z_{(t)} = e^{-\lambda t} \qquad 2.1$$

die Wahrscheinlichkeit, daß eine technische Komponente im Intervall [0; t] nicht ausfällt. Mit λ wird die Ausfallrate[7] bezeichnet. Setzt man in Gleichung 2.1 die Zeit zwischen zwei Ausfällen (MTBF: Mean Time Between Failure) als das Inverse der Ausfallrate ein und gleichzeitig für t die Taktzeit T_t eines Montagesystems ergibt sich nach der Annäherung der e-Funktion mit ihrer Reihenentwicklung für die technische Zuverlässigkeit Z im Taktintervall eines Montagesystems folgender Zusammenhang[8]:

$$Z = 1 - \frac{T_t}{MTBF} \qquad 2.2$$

Technische Verfügbarkeit

Nach VDI-RICHTLINIE 4004 (1986 B) gibt das Merkmal technische Verfügbarkeit die Wahrscheinlichkeit an, „daß an einer Betrachtungseinheit zur Betrachtungszeit keine als maßgeblich geltenden Störungen vorliegen, die unter den vorauszusetzenden Bedingungen die Erfüllung

6 Definitionen zu Qualitätsmerkmalen technischer Systeme finden sich in BITTER U.A. (1986) oder BIROLINI (1991). Speziell auf Produktionssysteme ausgerichtet sind die Definitionen der DIN-NORM 40041 (1990), der VDI-RICHTLINIE 3423 (1993) sowie der VDI-RICHTLINIE 4004 (1986 A-C). Die Aspekte der Montagesysteme werden in VDMA (1996), VDMA (1992) sowie bei WIENDAHL (1988) und ZIERSCH (1985) berücksichtigt.

7 Gleichung 2.1 gilt für eine zeitunabhängige Ausfallrate, von der während der Brauchbarkeitsdauer technischer Erzeugnisse ausgegangen werden kann (EBNER 1996, S. 6).

8 zulässig für $T_t \ll MTBF$ und bei zeitunabhängiger Ausfallrate

einer Funktion verhindern". Die Kenngröße der technischen Verfügbarkeit V berechnet sich durch:

$$V = \frac{MTBF}{MTBF + MTTR} \qquad 2.3$$

MTTR ist die mittlere zu erwartende Dauer einer Instandsetzungsmaßnahme (MTTR: Mean Time To Repair) und eine bedeutende Komponente für den Personalaufwand in der Montage. Als Verfügbarkeit eines Montagesystems ist der prozentuale Anteil an einem bestimmten Zeitintervall zu verstehen, in dem sich alle Komponenten der Montageanlage in funktionsfähigem Zustand befinden.

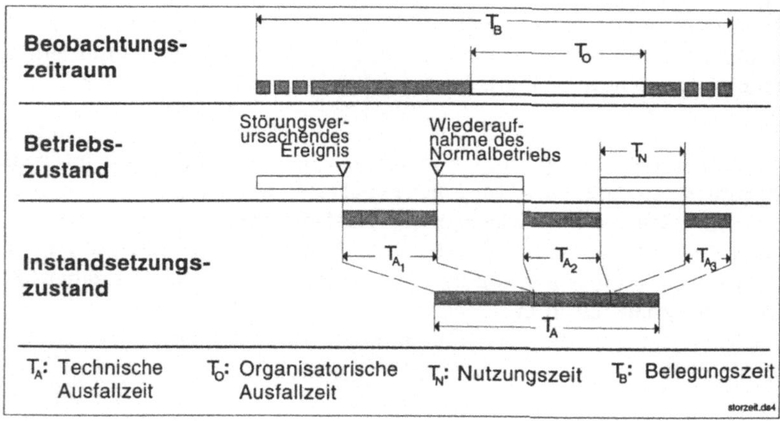

Bild 2.4: Zeiten zur empirischen Ermittlung des Störverhaltens.

Zur empirischen Ermittlung der Kenngröße werden die Zeitdauern nach VDI-RICHTLINIE 3423 (1993) benutzt. Die für eine Analyse des Störverhaltens von Montagesystemen notwendigen Zeiten sind in Bild 2.4 definiert. Zur Analyse des Qualitätsverhaltens von Montagesystemen muß der Beobachtungszeitraum um den Anteil der organisatorischen Fehlzeiten reduziert werden. Mit der Anzahl der Störungen n_s läßt sich die technische Verfügbarkeit sowie die technische Zuverlässigkeit für Montagesysteme folgendermaßen darstellen:

$$V = \frac{(T_B - T_O) - T_A}{(T_B - T_O)} \cdot 100\%$$

$$Z = 1 - \frac{T_t \cdot n_S}{(T_B - T_O) - T_A} \cdot 100\% \qquad 2.4$$

Qualitätsleistung

Innerhalb eines Fehltaktes von Montagekomponenten werden die an Montageprodukt oder -funktion gestellten Anforderungen nicht bzw. nicht ausreichend erfüllt (WIENDAHL & SCHULZ-KRATZENBERG 1991, S. 18). Bei Prüfkomponenten wird unter Fehltakt das Nichterkennen eines Fehlteils bzw. die fälschliche Zuordnung eines fehlerfreien Teils zu den Fehlteilen verstanden[9]. Die Unterscheidung in Qualitätsleistung 1. bis 3. Art mit den meßobjektabhängigen Bestimmungsschärfen zeigt Bild 2.5.

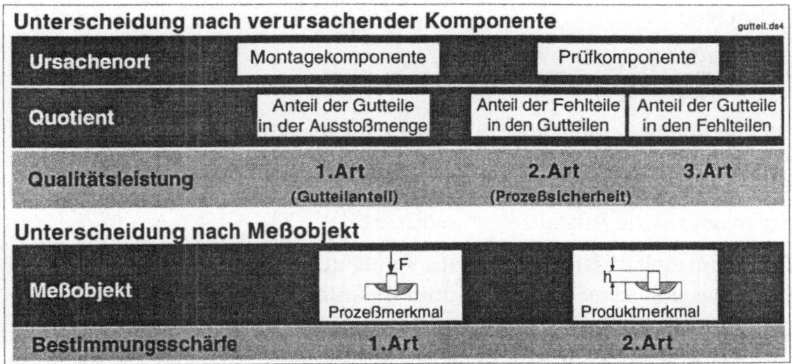

Bild 2.5: Differenzierung der Qualitätsleistung nach Meßobjekt und verursachender Montagekomponente.

Das Verhältnis aus Anzahl von Fehltakten bzw. fehlerhafter Produkte m_a und der gesamten Ausstoßmenge m innerhalb eines Zeitintervalls wird als Fehltaktanteil[10] p, das Komplement dazu als Qualitätsleistung Q definiert.

$$Q = 1 - p = \frac{m - m_a}{m} \qquad 2.5$$

Den Montageerzeugnissen oder -funktionen müssen nach definierten Kriterien eindeutige Attribute zugeordnet werden, um sie als fehlerhaft bzw. fehlerfrei zu klassifizieren. Für eine Bewertung der Qualität eines

---

9 Hierzu vergleichbar ist die Definition des α- und β-Fehlers bei statistischen Tests von Hypothesen (RINNE & MITTAG, S. 111).

10 ZIERSCH (1985, S. 36) definiert zur Einbeziehung der Fehltakte in Verfügbarkeitsbetrachtungen eine zeitliche Fehltaktrate $\lambda_{F(t)}$. In Übereinstimmung mit den üblichen Begriffen der Qualitätssicherung für den Anteil fehlerhafter Teile wird hier jedoch das Kurzzeichen p verwendet (s.a. VDA 1986).

Montagesystems ist diese starre Einteilung zumeist ausreichend. Bei hohen Anforderungen an die Produkt- oder Prozeßqualität (z.B. bei Sicherheitsteilen) erfolgt eine detailliertere Analyse und kontinuierliche Verbesserung der Qualitätsleistung mit den Verfahren der statistischen Prozeßregelung (s. Abschn. 3.2.3.4).

Technischer Nutzungsgrad

Der technische Nutzungsgrad N_T berechnet sich aus dem Verhältnis von theoretischer[11] zu tatsächlicher Mengenleistung eines Montagesystems unter der Randbedingung, daß ausschließlich innerhalb der betrachteten Systemgrenzen begründete Ausfallvorgänge zur Nutzungsminderung beitragen.

$$N_T = \frac{M}{M_{theo}} \cdot 100\% = \frac{m \cdot T_t}{(T_B - T_O)} \cdot 100\% \qquad 2.6$$

Die Kenngröße eignet sich allgemein zur Beschreibung der Leistungsfähigkeit[12] von Montagesystemen. Analog zur technischen Verfügbarkeit wird bei einer empirischen Ermittlung die Belegungszeit T_B um die organisatorische Ausfallzeit T_O reduziert.

Die Kennzahlen Zuverlässigkeit, Verfügbarkeit, Qualitätsleistung und Nutzungsgrad lassen anhand ihrer Definitionen erkennen, daß neben dem Störverhalten der Montageprozesse auch die Montagekomponenten und deren Gestaltung qualitätsbestimmend sind. So wird beispielsweise die Reparaturdauer, ein Element von Verfügbarkeit und Nutzungsgrad, nicht ausschließlich durch den Montageprozeß festgelegt, sondern vielmehr durch die konstruktive Ausführung der Komponente oder der Zugänglichkeit zum Störort. Im folgenden Abschnitt werden die beiden qualitätsbestimmenden Elemente in der Montage vorgestellt.

---

[11] Die theoretische Mengenleistung ergibt sich aus der Taktzeit der Engpaßstation eines Systems und kennzeichnet den maximalen Ausstoß in einem Zeitintervall.

[12] Das Produkt aus technischem Nutzungsgrad und Qualitätsleistung 1. Art entspricht der in der Werkzeugmaschinenindustrie bekannten Overall Machine Effectiveness (OME). In der Montage wird von effektivem Nutzungsgrad N_{eff} gesprochen (VDMA 1996).

2.3 Qualitätsbestimmende Elemente automatisierter Montagesysteme

2.3.1 Montageprozesse

Die vom Systembetreiber spezifizierte **Montageaufgabe** enthält Vorgänge zum reversiblen oder irreversiblen Zusammensetzen zweier oder mehrerer Einzelteile zu einem Produkt. Montageprozesse dienen der funktionalen Beschreibung dieser Operationen an Einzelteilen (z.B. Verschrauben) sowie der Verrichtungen der dazu erforderlichen Funktionsträger (z.B. Greifen).

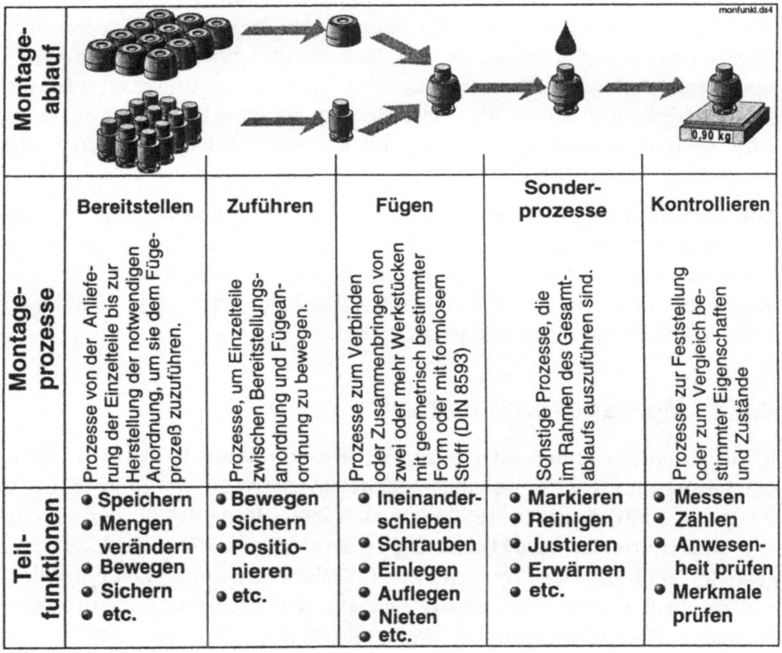

monfunkt.ds4

Montageablauf					0,90 kg
Montageprozesse	**Bereitstellen**	**Zuführen**	**Fügen**	**Sonderprozesse**	**Kontrollieren**
	Prozesse von der Anlieferung der Einzelteile bis zur Herstellung der notwendigen Anordnung, um sie dem Fügeprozeß zuzuführen.	Prozesse, um Einzelteile zwischen Bereitstellungsanordnung und Fügeanordnung zu bewegen.	Prozesse zum Verbinden oder Zusammenbringen von zwei oder mehr Werkstücken mit geometrisch bestimmter Form oder mit formlosem Stoff (DIN 8593)	Sonstige Prozesse, die im Rahmen des Gesamtablaufs auszuführen sind.	Prozesse zur Feststellung oder zum Vergleich bestimmter Eigenschaften und Zustände
Teilfunktionen	• Speichern • Mengen verändern • Bewegen • Sichern • etc.	• Bewegen • Sichern • Positionieren • etc.	• Ineinanderschieben • Schrauben • Einlegen • Auflegen • Nieten • etc.	• Markieren • Reinigen • Justieren • Erwärmen • etc.	• Messen • Zählen • Anwesenheit prüfen • Merkmale prüfen

Bild 2.6: *Hierarchische Gliederung des Montageablaufs in Prozesse und Teilfunktionen.*

Der **Aufbau einer Prozeßstruktur** in der Montage kann, wie beispielhaft in Bild 2.6 dargestellt, aus der Produktstruktur einer Baugruppe und der zur Montage erforderlichen Prozeßkette abgeleitet werden. Ausgehend von der Anlieferung der Einzelteile bis zur fertigen Baugruppe ergibt sich ein Ablauf, der mit Bereitstellungs-, Zuführ-, Füge-, Sonder- und Kontrollprozessen beschrieben wird (s.a. BULLINGER 1986, S. 275; WISBACHER 1992, S. 41).

Diese Prozeßkette wird in Subfunktionen strukturiert, für die schließlich technische Lösungsprinzipien entwickelt und zugeordnet werden können (BULLINGER 1986, S. 275). Die VDI-RICHTLINIE 2860 (1990) schlägt dazu eine hierarchische Gliederung der **Grundfunktion Handhaben** in Teilfunktionen vor, die wiederum aus zusammengesetzten Funktionen und Elementarprozessen bestehen. Für die Beschreibung des Qualitätsverhaltens von Montageobjekten werden in der weiteren Arbeit die darin erläuterten Teilfunktionen verwendet.

Die **Fügeprozesse** in Montageprozeßketten lassen sich mit Hilfe der DIN-NORM 8593 (1985) weiter untergliedern. Die Norm enthält zahlreiche Verfahren, die in insgesamt 9 Gruppen zusammengefaßt werden. Für jeden einzelnen Fügevorgang genauso wie für alle weiteren Sonderfunktionen in der Montage wie z.B. Reinigungsvorgänge gelten prozeßspezifische Anforderungen, die insbesondere den Nutzungsgrad oder die Qualitätsleistung einer Montagestruktur entscheidend beeinflussen. Eine weitere Abstraktion ist aufgrund der Vielfalt der Verfahren nicht möglich.

Die Beschreibung von qualitätsbestimmenden Montageabläufen erfolgt im Rahmen dieser Arbeit somit gemäß Bild 2.6 durch Montageprozesse, die wiederum aus den Teilfunktionen oder Elementarprozessen der VDI-Richtlinie, den Fügeprozessen nach DIN-Norm sowie aus beliebigen Sonderfunktionen zusammengesetzt sind.

2.3.2 Montagekomponenten

In der Literatur finden sich zahlreiche Beschreibungsformen von Bausteinen automatisierter Montagesysteme (ANDREASEN U.A. 1985, SPUR & STÖFERLE 1986, SCHMIDT 1992, LOTTER 1992, HESSE 1993), denen alle eine **hierarchische Strukturierung** gemeinsam ist. Wie in Bild 2.7 dargestellt, können Montagesysteme in Teilsysteme und Komponenten zerlegt werden. Jede Ebene setzt sich aus den Elementen der untergeordneten Ebene zusammen. Montagesysteme bestehen somit zur Durchführung ihrer Aufgabe aus einer Vielzahl technischer Komponenten wie Magazinen, Handhabungsgeräten oder Ordnungseinrichtungen, die sich in Anlehnung an EVERSHEIM (1989, S. 217) in sieben Typen unterscheiden lassen (s. Bild 2.8).

Die grundlegende Bauform eines Montagesystems wird durch **Basiskomponenten** definiert, die die örtliche und zeitliche Verkettung innerhalb eines Systems realisieren. Dies sind z.B. Rundtakttische,

Längstaktbänder oder Doppelgurttransfersysteme. Sie bestehen im wesentlichen aus den Grundeinheiten (Gestelle, Platten, Konsolen) sowie aus Antriebseinheiten, die zum Teil auch der mechanischen Zwangssteuerung weiterer Komponenten dienen (HESSE 1993).

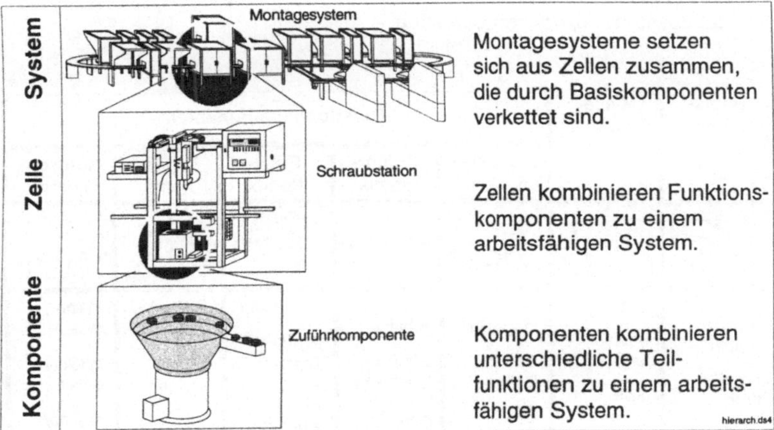

Bild 2.7: Hierarchische Gliederung von Montagesystemen in Komponenten.

Globale Steuerungsaufgaben, wie die Ablaufsteuerung, die Steuerung der Montageprozesse sowie des Material- und Erzeugnisflusses übernehmen die **Steuerungskomponenten**. Beispiele dieser Komponenten sind speicherprogrammierbare Steuerungen, Positioniersteuerungen und numerische Steuerungen (SPUR & STÖFERLE 1986). Als Kommunikationssysteme, die ebenfalls den Steuerungskomponenten zuzurechnen sind, sowie zur Informationsverteilung und Ablaufsteuerung werden auch intelligente Werkstückträger mit Identifikationssystemen eingesetzt (HESSE 1993, S. 159).

Des weiteren bestehen Montagesysteme aus Funktionsträgern, die die Montageprozesse gemäß Abschnitt 2.3.1 realisieren. Diese fünf **Funktionskomponenten** bilden einzelne Teilfunktionen wie z.B. Magazine oder Pufferschienen ab oder sie integrieren mehrere Teilfunktionen wie z.B. Fügekomponenten (SCHMIDT 1992, S. 23).

Für die folgende Analyse des Qualitätsverhaltens werden automatisierte Montagesysteme mit Hilfe dieser Komponententypen beschrieben. Bewegungs-, Ablaufprogramme und weitere funktionsrelevante Elemente zählen zu den jeweiligen Komponententypen, da sie deren Qualitätsverhalten ebenfalls festlegen.

Die beschriebenen Prozesse und Komponenten tragen zur Erfüllung der Qualitätsforderungen des Systembetreibers bei. Aus der Gesamtheit der Anforderungserfüllung aller Elemente ergibt sich die systemimmanente Qualität, die allerdings durch externe Einflüsse und Randbedingungen beeinträchtigt wird (VDMA 1992). Im folgenden soll die Wirkung dieser qualitätsbeeinflussenden Elemente auf die Qualitätsmerkmale der Montagesysteme aufgezeigt werden.

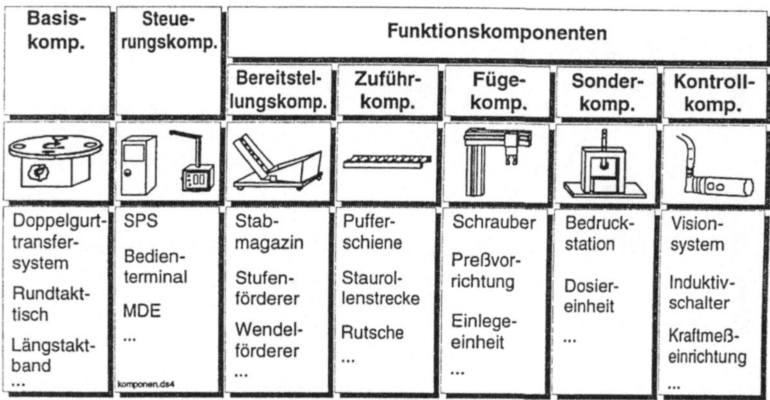

Bild 2.8: Komponententypen in automatisierten Montagesystemen.

2.4 Einfluß- und Wirkungsanalyse an Montagesystemen

2.4.1 Untersuchungsspektrum

Es wurden Analysen an insgesamt 11 **vollautomatisierten Montageanlagen und -komponenten** für Produkte der Feinwerk- und Elektrotechnik durchgeführt. Das maximale Produkthüllvolumen beträgt ca. 20 x 20 x 20 cm^3. Die Taktzeiten der Systeme variieren im produktbezogen üblichen Bereich von 0,6 bis 30 sec. Das vollständige Untersuchungsspektrum zeigt Bild 2.9.

Aufgrund der Vielfalt von Montagesystemen kann die Analyse nicht als statistisch-repräsentativ angesehen werden. Die Erkenntnis grundsätzlicher Tendenzen der Wirkung verschiedener Elemente, um daraus Spezifikationen an die qualitätsorientierte Entwicklungsmethode abzuleiten, wurde über das Ziel einer hohen statistischen Vertrauenswahrscheinlichkeit gestellt. Für das beschriebene Anlagen- und Produktspektrum läßt sich jedoch aussagen, daß ähnliche Einflüsse mit analoger Wirkung bei nahezu allen Montageproblemen auftreten werden.

	Art der Basiskomponente	Gesamtzahl Komponenten	Taktzeit (sec)	Untersuchungs-dauer (h)
A	Doppelgurttransfersystem	23	30	40
B	Schraubzelle	5	-	25
C	Doppelgurttransfersystem	26	20	59
D	Montagezelle	14	34	38
E	Längstaktband	24	0.6	67
F	Längstaktband	24	0.6	16
G	Längstaktband	24	0.6	16
H	Rundschalttisch	29	2.3	16
I	Rundschalttisch	32	1.5	15
J	Rundschalttisch	27	1.3	5
K	Knickarmroboter	2	-	36

Bild 2.9: Untersuchungsspektrum.

2.4.2 Systemgrenzen

Das Qualitätsverhalten gemäß der definierten Merkmale wird durch die Bestimmung von Ereignissen und Zuständen der Systemelemente quantifiziert und mit beschreibenden Informationen (z.B. Fehlerart, Fehlerort) näher spezifiziert. Um daraus die vom Analysefall abhängigen Aussagen ableiten zu können, ist es notwendig, **Systemgrenzen des Analyseobjekts** exakt zu definieren (s. Bild 2.10).

Bei der Ermittlung der Merkmale müssen die **organisatorischen Bedingungen** des gesamten **Produktionssystems** eine grundsätzliche Funktionsfähigkeit aller Elemente des Montagesystems gewährleisten. Können Einflüsse aus diesem Bereich nicht vollständig vermieden werden und verursachen somit Qualitätsmängel, müssen sie während der Untersuchung des Montagesystems oder vor der Auswertung der Daten extrahiert werden (z.B. Aufnahmestop bei organisatorischen Störungen oder Reduzierung der tatsächlichen Beobachtungszeit um die Dauer der Störung). Der Nachweis organisatorischer Einflüsse erfolgt häufig im Rahmen von Schwachstellenanalysen gesamter Produktionsbereiche. In dieser Arbeit werden derartige Einflüsse nicht weiter berücksichtigt. Sie liegen außerhalb der betrachteten Systemgrenze.

Bei Datenaufnahmen im normalen Systembetrieb (z.B. Abnahmeprüfungen, Schwachstellenanalysen) oder in der Erprobungsphase wird das Montagesystem in Form eines **sozio-technischen Systems** betrachtet (vgl. ANDREASEN U.A. 1985, S. 47). Es steht im permanenten Kontakt mit den **Betriebsbedingungen** wie z.B. der Produktqualität, den aktuellen Teilechargen, der Umgebungstemperatur oder der Bedienerqualifikation. Diese Betriebsbedingungen unterliegen in den meisten Fällen der Verantwortung des Systembetreibers (JURAN 1989, S. 258), die Effekte auf das Qualitätsverhalten können allerdings durch Maßnahmen am Montagesystem reduziert werden.

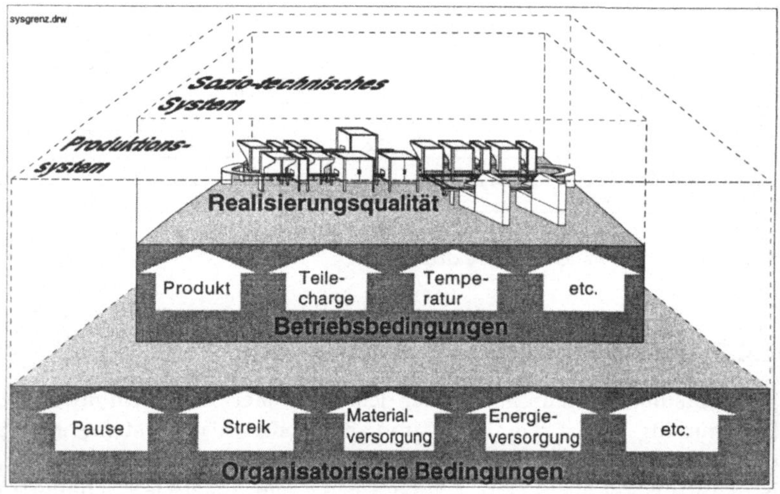

Bild 2.10: Systemgrenzen von Montagesystemen zur Betrachtung des Qualitätsverhaltens.

Das **technische System** als eigentliches Betrachtungsobjekt beeinflußt das Qualitätsverhalten durch seine **Realisierungsqualität**. Objektiv läßt sich diese nur mit den Qualitätsmerkmalen der Ausführung bewerten, wie z. B. geometrische, dynamische oder statische Kenngrößen der technischen Komponenten. Sie unterliegt der Verantwortung des Herstellers und ist, wie im folgenden gezeigt wird, ein wesentlicher, qualitätsbeeinflussender Faktor. Allerdings gilt grundsätzlich für die nachfolgenden Untersuchungen, daß eine von den Betriebsbedingungen isolierte Betrachtung der Qualitätseigenschaften des technischen Systems nicht möglich ist.

2.4.3 Einflüsse des technischen Systems

Das technische System determiniert die Qualitätsmerkmale durch die in der Planung, Entwicklung und Realisierung festgelegten Eigenschaften der Prozesse und Komponenten. Dabei sind im wesentlichen die Zuverlässigkeit der Prozesse in Abhängigkeit der Prozeßeinstellung sowie die Anzahl, Anordnung und Ausführung der Montagekomponenten zu nennen (SCHLÜTER 1988, S. 23; SCHULZ-KRATZENBERG 1993, S. 18; VDMA 1996).

2.4.3.1 Montageprozesse

Montageprozesse üben insbesondere durch ihre Prozeßparameter einen Einfluß auf das Ergebnis aus. Hierbei lassen sich

- feste Prozeßparameter und
- variable Prozeßparameter

unterscheiden.

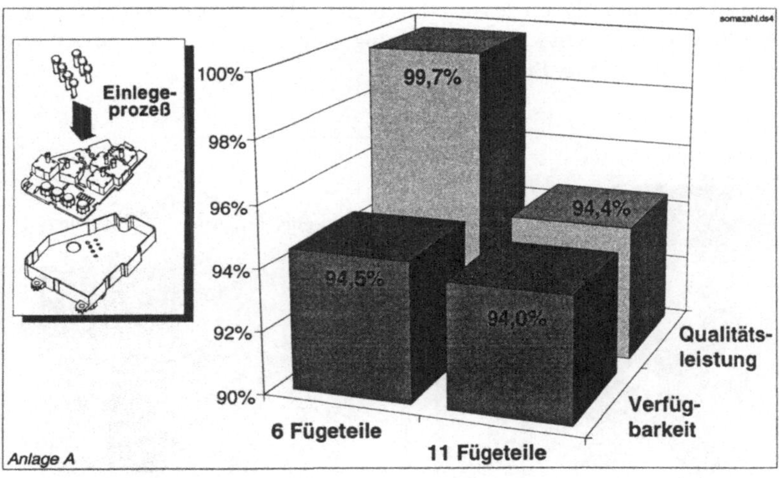

Bild 2.11: Die Wiederholung identischer Prozeßschritte führt zu einer Zunahme des Ausfallrisikos.

Feste Prozeßparameter sind durch die Montageaufgabe vorgegeben und können vom Planer nicht bzw. nur unter Einbeziehung der Produkt- und Produktionsplanung beeinflußt werden. Beispiele hierfür sind die Komplexität der Fügebewegung, die Prozeßzeit oder die Wiederholzahl eines Prozesses. Mit jeder Wiederholung eines Prozeßschrittes nimmt das Störrisiko des gesamten Teilprozesses, der an einer Komponente durchgeführt wird, zu. Bild 2.11 zeigt dies am Beispiel einer Einlegekomponente mit dem Teilprozeß „Bestücken einer Leiterplatte". Bei unterschiedlichen Produktvarianten wird der Prozeßschritt „Einlegen eines Stifts" mit unterschiedlicher Häufigkeit durchgeführt. Eine Abnahme der Qualitätsleistung und technischen Verfügbarkeit relativ zur Zunahme der identischen Einlegeschritte ist zu beobachten, da mit jedem zusätzlichen Fügeschritt ein weiteres Ausfallpotential der gesamten Komponente entsteht.

Variable Prozeßparameter werden bei der Systemgestaltung mit einem Einstellbereich versehen und dienen der optimalen Prozeßjustage. Beispiele hierfür sind prozeßspezifische Parameter wie die Schwingfrequenz und -amplitude eines Vibrationsförderers, das Anziehmoment einer Verschraubung oder die Geschwindigkeit und Beschleunigung einer Handlingskomponente. Das analysierte Positionierverhaltens eines Roboters zeigt, daß bei der Einstellung eines optimalen Betriebspunkts insbesondere Wechselwirkungen zwischen den Prozeßvariablen nicht vernachlässigt werden dürfen. So läßt sich die Positionierabweichung eines Handhabungsprozesses durch die Abstimmung der Parameter Geschwindigkeit und Beschleunigung der Handhabungskomponente nahezu halbieren (s. Bild 2.12).

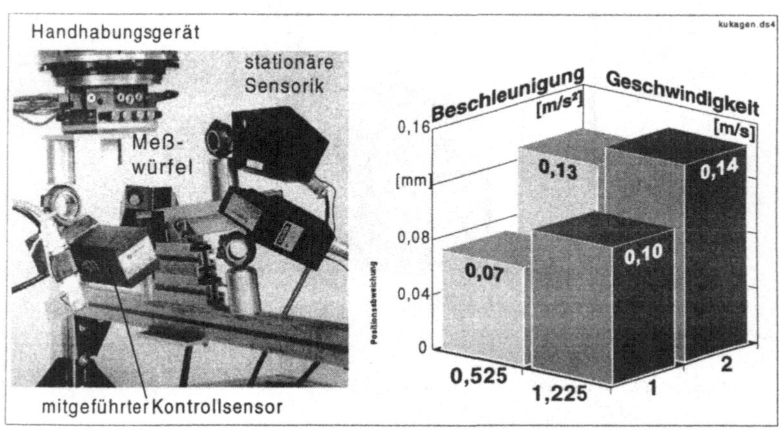

Bild 2.12: *Messung der Positionierabweichung eines Handlingsgerätes in Abhängigkeit der variablen Prozeßparameter Beschleunigung und Geschwindigkeit.*

Die Berücksichtigung der Prozeßeinflüsse in der Planung von Montageanlagen setzt umfangreiches Erfahrungswissen über den Zusammenhang zwischen Prozeßparameter und Prozeßergebnis voraus. Bei der Anwendung neuer Montagetechnologien kann die Einhaltung einer geforderten Anlagenqualität häufig nur durch Parameterstudien in frühen Entwicklungsphasen gewährleistet werden. Eine geeignete methodische Unterstützung ist in beiden Fällen zu fordern.

2.4.3.2 Montagekomponenten

Als dominantes Element des zeitlichen Betriebsverhaltens eines Montagesystems wird überwiegend die Dimensionierung und Ausführung von **Verkettungskomponenten oder Störungspuffern** genannt (z.B. MERZ 1987; ZIERSCH 1985; BULLINGER U.A. 1993). REINHART & LINDERMAIER zeigen weiterhin die Eignung der Störungspuffer zur Kompensation von Produkteinflüssen wie z.B. mangelhafte Teilehygiene auf (VDMA 1996, S. 64).

Neben der Stationenverkettung wirken sich das Gesamtlayout der Anlage, die Konzeption der Funktionsträger sowie die konstruktive Gestaltung wesentlicher Teilelemente wie Schikanen oder Greifer auf die Qualitätsmerkmale aus. Der Effekt kann anhand zweier ähnlicher Montagesysteme aufgezeigt werden, die gleiche Montageprozesse mit **unterschiedlicher Realisierungsqualität** enthalten. Bei beiden Systemen kann von einem eingeschwungenen Betriebszustand sowie identischen Betriebsbedingungen ausgegangen werden. Der Unterschied im Ausfallabstand verdeutlicht die Wirkung der konstruktiven Ausführung, die Differenzen in Bedienbarkeit[13] und Verfügbarkeit zudem die Wirkung der Layout- und Detailplanung (s. Bild 2.13). Trotz eines größeren Ausfallabstands und demzufolge einer höheren Zuverlässigkeit von **Anlage G** ist die Nichtverfügbarkeit höher als bei **Anlage E**. Das Layout sowie eine zum Teil schwierige Zugänglichkeit, verbunden mit einem Mehraufwand bei Bedienung (mean time to serve, MTTS) und Störbehebung (MTTR), führen daher auch zu einem deutlich schlechteren Qualitätseindruck beim Systembetreiber.

Hochintegrierte Komponenten, in denen Montagehauptfunktionen durch Nebenfunktionen ergänzt werden, tragen ebenfalls häufig zu einer Verschlechterung des Qualitätsverhalten bei. Beispiele sind Förderkomponenten mit integrierter Prüfvorrichtung oder Prüfgeräte mit zusätzlichen Justageaufgaben. Aufgrund der niederen konzeptionellen

---

[13] Die Bedienbarkeit eines Montagesystems ist ein Maß für den Zeitanteil, der zur Bedienung des Systems notwendig ist (VDMA 1996, S. 25)

Ordnung der Nebenfunktion ist die damit gekoppelte technologische Sorgfalt in der Planung häufig geringer, was zu einer erhöhten Ausfallrate führen kann.

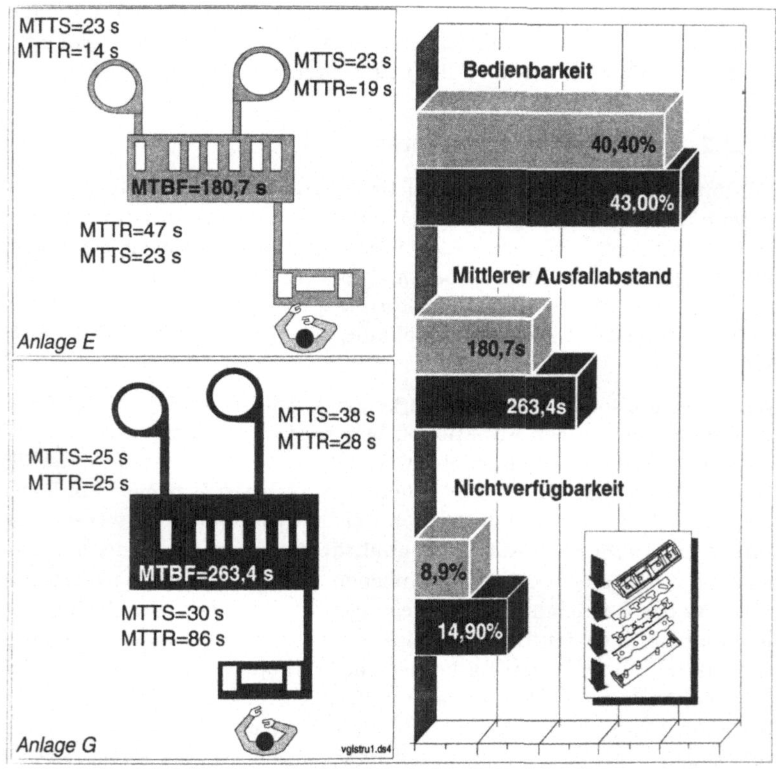

Bild 2.13: *Auswirkungen von Layout und konstruktiver Ausführung auf die Kenngrößen zweier identischer Anlagen.*

Eine weitere Einflußgröße sind die **physikalischen Wechselwirkungen** zwischen Komponenten, wie sie z.B. in Form von Schwingungen oder sonstigen Emissionen auftreten können. Bild 2.14 zeigt die Häufigkeitsverteilung der Störorte innerhalb einer Lötzelle, bei der die Temperaturemissionen im Inneren der gekapselten Zelle zu einem wiederholten Versagen des Identifikationssystems führten.

Die qualitätsmindernden Ursachen der Montagekomponenten müssen in der Entwicklung von Montageanlagen besonders berücksichtigt werden. Dabei eignen sich die statischen Zusammenhänge wie z.B. bei der

Layoutgestaltung oder der Pufferdimensionierung, zur Formulierung eindeutiger Ursache-Wirkungs-Ketten (s. SCHLÜTER 1989, S.43). Weitere Einflußgrößen wie die physikalischen Wechselwirkungen können, sofern eine Quantifizierung oder Modellbildung nicht möglich ist, nur in Risikoanalysen betrachtet werden.

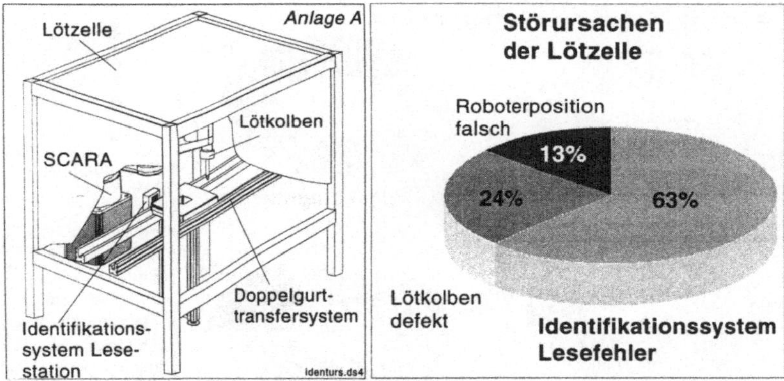

Bild 2.14: *Auswirkungen physikalischer Zwangsbeziehungen am Beispiel der Wärmeemission einer Lötkomponente.*

2.4.4 Einflüsse der Betriebsbedingungen

Die Einflüsse der Betriebsbedingungen resultieren aus den Eigenschaften der zu montierenden Produkte sowie den vorherrschenden Umgebungsbedingungen. Zu nennen sind hier beispielsweise das Werkstückverhalten, die Art und Qualität der Bereitstellung, die Umweltbedingungen, die Instandhaltungsstrategien oder die Qualifikation des Bedienpersonals (SCHULZ-KRATZENBERG 1993, S. 18; SCHLÜTER 1989, S. 23).

2.4.4.1 Montageprodukte

Allgemein lassen sich die qualitätsmindernden Ursachen, die durch Montageprodukte hervorgerufen werden, drei Bereichen zuordnen:

- Teilehygiene,
- Teilegeometrie,
- Teileeigenschaften.

Der Bereich der **Teilehygiene** umfaßt Beimengungen von fehlerhaften Teilen aus dem Fertigungsprozeß, von Falschteilen oder Gußresten und führen in der weiteren Konsequenz zu Systemstillständen oder zu Beschädigungen an Produkten oder Montagekomponenten. Die Instandsetzungstätigkeit beschränkt sich meist auf ein Entfernen des Teils und den Neustart der betroffenen Komponente, wodurch die Stillstandszeit gering ist.

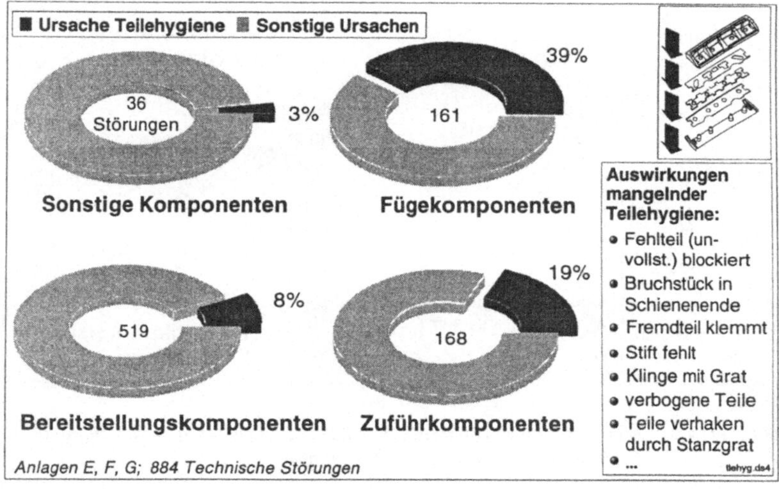

Bild 2.15: Störungen an Komponententypen durch mangelhafte Teilehygiene.

Die **Teilegeometrie** und deren tatsächlicher Toleranzbereich entscheiden zunächst über die generelle Automatisierbarkeit der Montageaufgabe (HESSE 1993). Ist die Automatisierbarkeit gegeben, hängt das Qualitätsverhalten vom erträglichen Toleranzbereich des Montagesystems ab. Einzelteile mit Abmessungen innerhalb dieses Bereichs beeinträchtigen das System nicht. Liegen die Toleranzen außerhalb des erträglichen Bereich, sind je nach Größe der Abweichung eine vermehrte Ausschußproduktion oder Störungen an den Fügekomponenten bzw. weiteren Funktionskomponenten die Folge[14]. Dies verdeutlicht Bild 2.16 am Beispiel des Erdungsbügels einer Steckdose. Der erträgliche Toleranzbereich des Montagesystems liegt zwischen 5° und -10° Biegewinkel, wobei bereits bei Abweichungen größer +/- 3° Fehlteile detektiert und aussortiert werden. Anhand des Anteils an der Gesamtmenge dieser Teile

[14] ZIERSCH (1985, S. 87) führt in seiner Untersuchung die Maßtoleranzen der Werkstücke als häufigste Störungsursache bei Montageanlagen an.

läßt sich eine erste Aussage bezüglich der Qualitätsleistung und des Störverhaltens der Anlage treffen.

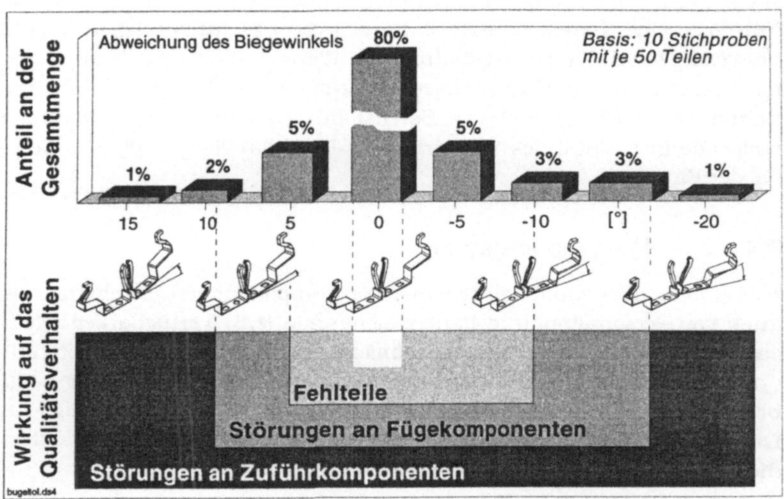

Bild 2.16: *Einfluß von Maßtoleranzen auf das Qualitätsverhalten.*

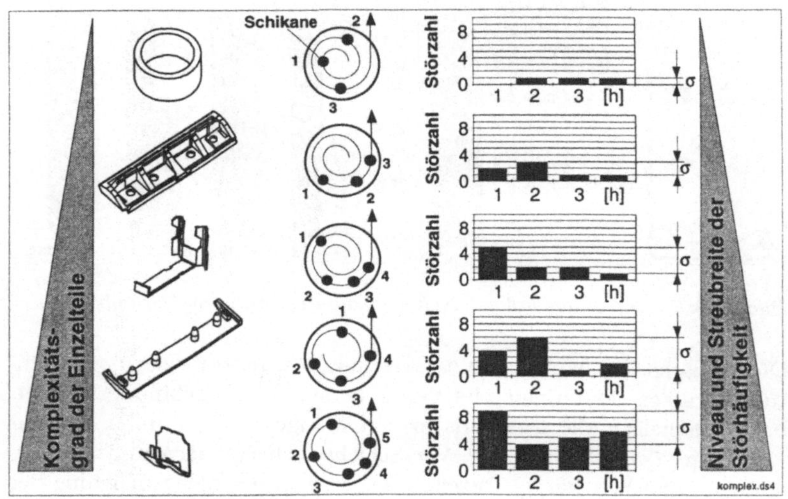

Bild 2.17: *Einfluß der Teilekomplexität auf die Zuverlässigkeit von Bereitstellungskomponenten.*

Die **Teileeigenschaften** wie z.B. Wirr-, Gleit-, oder Stapelfähigkeit sowie Komplexitätsgrad der Einzelteile bilden einen weiteren Bereich, der die Einhaltung von Qualitätsmerkmalen beeinträchtigt. Betroffen sind vorrangig Bereitstellungs- und Zuführkomponenten. Die Eigenschaften führen zu einer hohen Komplexität der Ordnungseinrichtungen (Anzahl notwendiger Schikanen, Gestaltung der Wendel, etc.) und damit zu einer Zunahme potentieller Störorte. So zeigt Bild 2.17 eine absolute Zunahme der Störhäufigkeit von Bereitstellungskomponenten sowie eine steigende Instabilität des Störverhaltens in Abhängigkeit der Komplexität der Einzelteile.

2.4.4.2 Montageumgebung

Meßgrößen, die sowohl von technischen Komponenteneigenschaften als auch von Personalbindungsdauern abhängen (z.B. Verfügbarkeit, Nutzungsgrad), unterliegen **bedienerabhängigen Einflüssen** wie Motivation, Konzentration oder Qualifikation des Personals. Die Wirkung zeigt beispielhaft Bild 2.18 anhand der Störbehebungsdauer der Anlage D. Die von der Instandhaltungsperson abhängige Reaktionszeit reduziert die Verfügbarkeit um bis zu 20%.

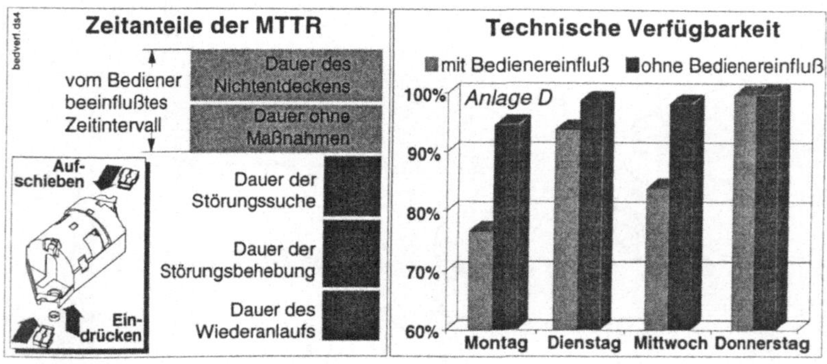

Bild 2.18: Einfluß des Anlagenbedieners auf die technische Verfügbarkeit.

Die Abhängigkeit von **organisatorischen Einflüssen** wie Instandhaltungsstrategie, Materialbereitstellung, Personaleinsatzplanung verdeutlicht beispielhaft die Datenanalyse der Mengenleistung unter Berücksichtigung der Schichtzyklen. Vor Schichtwechselphasen und Schichtpausen entstehen häufig Totzeiten, die sich in der Mengenleistung der Montageanlage deutlich abzeichnen. Bild 2.19 zeigt den Ausstoß pro Stunde eines Montagesystems, der über 15 Produktionstage aufgezeichnet wurde. Die Schichtwechsel (nach Stunde 8) und Pausen (nach Stunde 4 und 6) zeichnen sich deutlich ab.

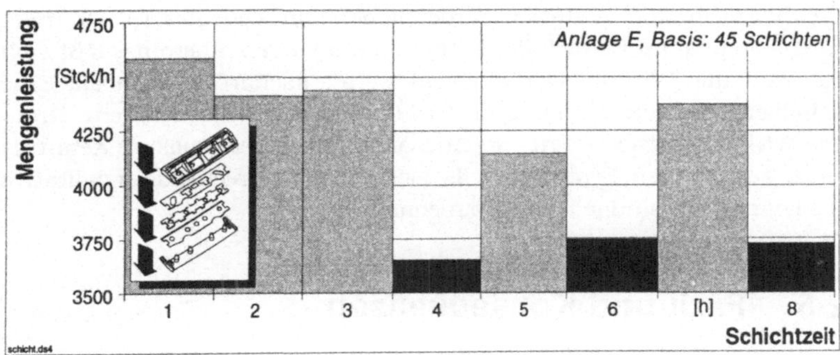

Bild 2.19: *Einfluß der Schichtpausen und Schichtwechselphasen auf die Mengenleistung*[15].

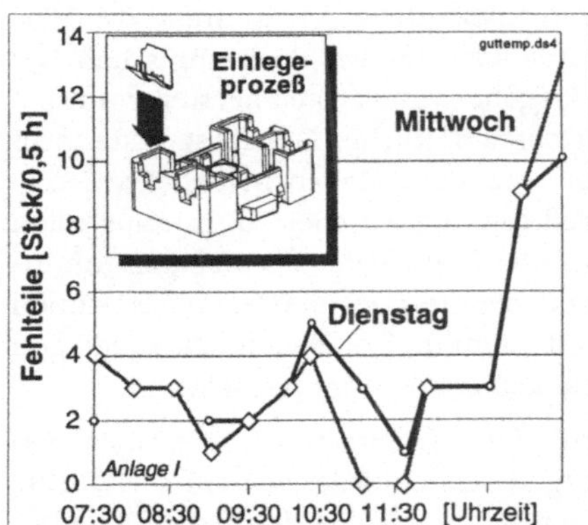

Bild 2.20: *Temperaturschwankungen als Einfluß auf die Qualitätsleistung.*

Ein weiterer komplexer Ursache-Wirkungs-Zusammenhang herrscht zwischen den **klimatischen Umgebungsbedingungen** und der Qualitätsleistung der Montagesysteme. So führen beispielsweise äußere und innere Wärmequellen an kinematischen Elementen der Funktionskomponenten zu materialabhängigen Längenänderungen, die wiederum Positionierungenauigkeiten im Arbeitspunkt hervorrufen können (vgl. HEISEL U.A. 1995). Die Konsequenz ist ein thermisch verursachtes Absinken der Posegenauigkeit sowie eine Minderung der Qualitätsleistung 1. Art. Bild 2.20 zeigt diesen Zusammenhang am Beispiel eines Rundtaktautomats mit Einlegeeinheiten,

[15] Die Mengenleistung je Stunde wurde um die Pausenzeit bereinigt.

deren Positionierungenauigkeit im Tagesverlauf einen entsprechenden Fehlteilanteil verursachten. Die Abkühlphase um 10:30 Uhr (Betriebspause) läßt sich an beiden Untersuchungstagen erkennen.

Die beispielhaften Analysen verdeutlichen ein bedeutendes Optimierungspotential im Bereich der Betriebsbedingungen. Allerdings läßt sich das Zeit- und Wirkungsverhalten nur sehr unscharf beschreiben. Eine detaillierte Berücksichtigung in der Planung durch quantifizierte Ursache-Wirkungsketten ist nur in Ausnahmefällen bei expliziter Kenntnis eines zugehörigen Systemmodells möglich. Entsprechende, qualitative Risikoanalysen sind jedoch vorzunehmen.

2.5 Fazit und Konsequenzen

Die Qualität automatisierter Montagesysteme wird durch ein komplexes Zusammenwirken zwischen Systemelementen und umfeldspezifischen Randbedingungen bestimmt. Dieses wesentliche Fazit des zweiten Kapitels erfordert für eine qualitätsorientierte Entwicklung von Montagesystemen eine kooperative und zielgerichtete Vorgehenweise aller Beteiligten. So ist das Erarbeiten der Betriebsbedingungen während der Planungsphase und eine entsprechende Abstimmung der technischen Systemelemente die gemeinsame Aufgabe von Systemhersteller und -betreiber. Unter Berücksichtigung wirtschaftlicher Gesichtspunkte muß qualifiziert eine Auswahl aus den unterschiedlichen potentiellen Maßnahmen (z.B. Verbesserung der Teilegenauigkeit oder Toleranzausgleich am Greifsystem) getroffen werden. Die Komplexität der Zusammenhänge erfordert eine geeignete Methode, die die notwendigen gemeinsamen Vorgehensschritte strukturiert und optimale Entscheidungsgrundlagen und -zeitpunkte im Entwicklungsablauf zur Verfügung stellt.

Die geringe Prognosefähigkeit der Einflußwirkungen (z.B. Auswirkungen der Teilebeimengungen im Schüttgut) verdeutlicht weiterhin, daß eine rechnertechnisch verarbeitbare, einfache Modellbildung der Ursache-Wirkungs-Zusammenhänge kaum möglich ist. Eine rein virtuelle, d.h. eine ausschließlich an digitalen Systemprototypen im Rechner durchgeführte Absicherung des Qualitätsverhaltens der Montagesysteme in der Planungsphase erscheint unter Berücksichtigung des Aufwand-Nutzen-Verhältnisses nicht sinnvoll.

Modifikationen an den qualitätsbestimmenden Systemelementen führen zu Veränderungen der Qualitätsmerkmale. Die Modifikationen und deren Wirkungen müssen frühzeitig im Planungsprozeß verdeutlicht werden. Eine Vernachlässigung der vielfältigen Wechselwirkungen zwischen den Einflußfaktoren ist dabei zu vermeiden. Durch Parameterstudien lassen sich bereits im Vorfeld spätere Fehler und Mängel vorhersagen und beseitigen. Hierfür geeignete Methoden sind innerhalb der prozeßorientierten Qualitätssicherungsmaßnahmen (siehe REINHART U.A. 1996, S. 130FF) bekannt und müssen in den Entwicklungsablauf integriert werden.

In der Erprobung während der Realisierungsphase müssen die kritischen Elemente der Systeme und insbesondere auch potentielle Betriebsbedingungen wirklichkeitsgetreu abgebildet werden. Schwachstellen der Systeme, die zunächst im Testbetrieb unter "Laborbedingungen" verborgen bleiben, treten häufig erst unter den tatsächlichen Umgebungsbedingungen auf, wodurch imageschädigende und kostenintensive Korrekturen „vor Ort" beim Kunden notwendig werden.

Die Problematik der Systemgrenzen führt beim Nachweis der Vertragserfüllung häufig zu Konflikten, da der Betreiber von Montageanlagen ausschließlich die Qualität des sozio-technischen Systems unter Wirkung aller Betriebsbedingungen wahrnimmt. Eine von den Umgebungsbedingungen isolierte Betrachtung des Qualitätsverhaltens ist nicht möglich. Dies erfordert eine frühe Sensibilisierung für die Qualitäts- und Einflußproblematik in der kooperativen Zusammenarbeit. Weiterhin kann eine exakte Definition der Systemgrenzen, die Kenntnis der Einflußwirkung auf die vertraglichen Vereinbarungen und eine gezielte Vermeidung bzw. Extraktion während der Abnahme hier unberechtigten Garantieforderungen entgegenwirken.

Allgemein läßt sich aus dem Qualitätsverhalten von Montagesystemen ein qualitätsbezogener Informationsbedarf von der Montageplanung bis über die Inbetriebnahme hinaus zur kontinuierlichen Bewertung der Lösungsprinzipien hinsichtlich beliebiger Anforderungen ableiten. Im folgenden Kapitel soll nun untersucht werden, inwieweit dem Planer durch Informationen, Methoden und Werkzeuge in der Montage- und Qualitätsplanung diesbezüglich bereits heute Unterstützung geleistet wird.

3 Stand der Technik und Forschung

3.1 Einführung

Die Methode zur qualitätsorientierten Entwicklung von Montagesystemen baut auf den Inhalten der Montageplanung und des Quality Engineering auf. Im folgenden werden Aufgaben der Montageplanung aufgeführt, im Hinblick auf die Verwendung qualitätsrelevanter Informationen analysiert und Defizite aufgedeckt (Abschnitt 3.2). Die Komplexität des Qualitätsverhaltens erfordert weiterhin ein systematisches Vorgehen sowohl bei der Informationssynthese als auch bei der Informationsanalyse in allen Entwicklungsphasen der Systeme. Die Methoden und Aufgaben des Quality Engineering (QE), die im Abschnitt 3.3 vorgestellt werden, bilden hierzu eine geeignete Grundlage. Der Stand der Forschung bei der Integration der Methoden in den Montageplanungsprozeß bildet den Abschluß dieses Abschnitts.

3.2 Montageplanung

3.2.1 Teilaufgaben und Vorgehensweise

Die Montageplanung hat die Aufgabe, ausgehend von einem Montageproblem ein System zu entwickeln, mit dem es unter den gegebenen Bedingungen möglich ist, Einzelteile oder Baugruppen zusammenzufügen (SCHÄFER 1992, S. 10). Zur Bearbeitung dieser globalen Aufgabe werden in der Literatur vielfältige Vorgehensweisen vorgestellt, die dem Planer Teilaufgaben und deren zeitliche Bearbeitungsreihenfolge vorgeben (s. Bild 3.1). Funktional lassen sich diese Teilaufgaben zusammenfassen in die 4 Bereiche:

- Analyse von Produkt und Randbedingungen,
- Grob- und Feinplanung des Montageablaufs,
- Anordnung, Konfiguration, Auswahl und Detaillierung von Betriebsmitteln sowie
- kontinuierliche Lösungsbewertung und -auswahl.

Die **Analyse von Produkt und Randbedingungen** beinhaltet die Formulierung der Produktionsdaten, der Produktmerkmale und der Ausgangssituation sowie das Ermitteln der Planungsziele (LOTTER 1992, S. 360FF; BULLINGER 1986, S. 59FF).

Zur **Grob- und Feinplanung des Montageablaufs** zählen der Entwurf des Montagevorranggraphs (z.B. nach AMMER 1985; BRUNNER 1990) und des Funktionsplans auf Basis der Produkttopologie (BULLINGER 1986, S. 271), die Prozeßanalyse in unterschiedlichen Detaillierungsgraden (z.B. nach SCHUSTER 1992; PFEIFFER U.A. 1994), der Entwurf von Prinziplösungen für die Teilfunktionen (BULLINGER 1986, S. 271), die Prüfplanung nach KRING (1989) sowie die Kapazitätsteilung und Festlegung der Arbeitsinhalte (MERZ 1987; GROB & HAFFNER 1982, S. 64).

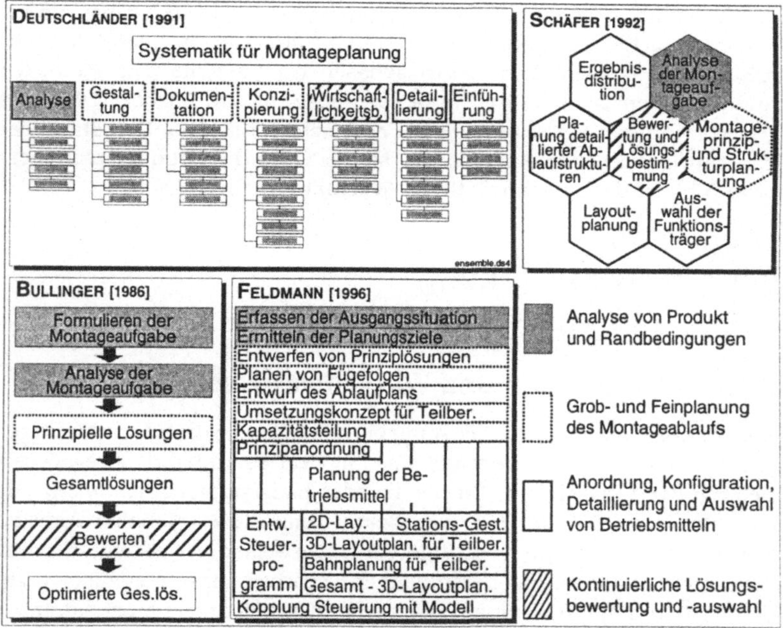

Bild 3.1: *Teilaufgaben und Vorgehensweisen in der Montageplanung einiger Autoren und exemplarische Zuordnung zu den vier Planungsbereichen.*

Die **Anordnung, Konfiguration, Detaillierung und Auswahl von Betriebsmitteln** umfaßt das Umsetzungskonzept für die Arbeitsinhalte und die Zuordnung von Funktionsträgern (z.B. nach SELIGER 1988), die zugehörige Strukturbildung und Layoutplanung inklusive der Organisation des Materialflusses (BULLINGER 1986, S. 277FF; ROßGODERER &

WOENCKHAUS 1995) sowie die Auswahl und Konstruktion der technischen Einrichtungen.

Die **kontinuierliche Lösungsbewertung und -auswahl** kann in allen Planungsphasen erfolgen und umfaßt z.B. die unterschiedlichen Verfahren der Investitionsrechnung, Taktzeitabschätzungen oder die Ermittlung der Verfügbarkeit mittels der Ablaufsimulation (SCHMIDT 1992; ABELS 1993).

Diese aufgeführten Teilaufgaben werden unter Berücksichtigung der zeitlichen Vorgehensweise und des Abstraktionsgrades von den unterschiedlichen Autoren in Planungsphasen zusammengefaßt. Die Basis bilden hierzu häufig einige **grundlegenden Planungsmethoden** wie das Phasenmodell der Systemtechnik (DÄNZER 1994), der allgemeine Problemlösungszyklus nach EHRLENSPIEL (1995), die Konstruktionsmethodik nach VDI-RICHTLINIE 2221 (1993) oder die Planungssystematik nach REFA (1990).

Mit dem Ziel der Entwicklungszeitreduzierung gewinnt die Methode des **Simultaneous Engineering** als spezielles Vorgehensmodell auch in der Montageplanung immer größere Bedeutung. Der Beschleunigungseffekt soll vorrangig durch eine parallele und zeitgleiche Abarbeitung von Tätigkeiten zur Produkt- und Produktionsmittelkonzeption erreicht werden (EVERSHEIM 1989B, S. 6). Nach DÄNZER (1994, S. 69) erfordert dies ein Überdenken der traditionellen Ablauflogik, in der voneinander unabhängige, zeitkritische Teilschritte identifiziert und parallel durchgeführt werden. Vielmehr ist ein ganzheitlicher Arbeitsansatz anzustreben, in dem die später betroffenen Fachbereiche möglichst frühzeitig in den Entwicklungsprozeß eingebunden werden. Letztendlich ist auch der Einbezug von CIM-Technologien notwendig, um mit Hilfe geeigneter Werkzeuge auf ganze Schritte oder Schrittfolgen vollständig verzichten zu können (z.B. Virtual Prototyping). Einen geeigneten Ansatz hierzu liefert die Arbeit des Sonderforschungsbereichs 336 (MILBERG U.A. 1997, S. 60 FF), der eine durch Rechnerhilfsmittel unterstützte Methodik für ein integriertes Vorgehen von Konstruktion und Montageplanung vorstellt.

In der Literatur wird die **Entwicklung automatisierter Montagesysteme** entsprechend den Ausführungen in Abschnitt 1.2 häufig als Bestandteil der hier betrachteten Montageplanung gesehen (z.B. BULLINGER 1986; LOTTER 1992). Grund hierfür ist, daß die Entscheidung zur Automatisierung im Rahmen der Vorgehensweise vorbereitet wird. Die automatisierbaren Teilbereiche stehen nach dem Montagesystementwurf fest und werden dann im Rahmen der Ausarbeitung umgesetzt. Als Methode hierzu schlägt beispielsweise BULLINGER das Verfahren gemäß Bild 3.1 vor, das allerdings analog zu seiner vollständigen Planungssequenz erneut mit der Formulierung der Montageaufgabe beginnt und mit der optimierten Gesamtlösung endet (BULLINGER 1986, S. 271). Auch bei LOTTER (1992, S. 329) wird die Realisierungs- und Inbetriebnahmeplanung sowie die Betreuung dieser Phasen in der Planungsrichtlinie für automatische Montageanlagen nicht berücksichtigt. Weiterhin wird eine Bewertung der realisierten Montagesysteme hinsichtlich der im Lastenheft formulierten Anforderungen und unter Berücksichtigung der inneren und äußeren Einflüsse bei den erwähnten Planungsmethoden nicht betrachtet. Im Hinblick auf die in Kapitel 2 identifizierten Einflüsse der Komponenten und Prozesse sowie der Betriebsbedingungen fehlt zudem in den Planungsmethoden ein systematisches Vorgehen zur kontinuierlichen Identifizierung besonders kritischer Bereiche, die entsprechend hohen Planungsaufwand verursachen. Auch ein weiterführendes, methodisches Verfahren zur Optimierung virtueller, also im Rechner abgebildeter (z.B. als CAD-Modell oder als Simulationsmodell) oder realer Prototypen wird bislang nicht eingesetzt.

3.2.2 Informationsbereitstellung zur konventionellen Montageplanung

Zur Bearbeitung der Teilaufgaben in der konventionellen Montageplanung benötigt der Planer eine umfangreiche Menge an Informationen. Diese Informationen beziehen sich auf das Montageprodukt und die zugehörigen Produktionsdaten sowie auf spezielle Eigenschaftsinformationen über Prozeß, Betriebsmittel und Werkstücke (BULLINGER 1986, S.58 FF).

KETTNER (1988) konzipiert für die Datenbeschaffung und -verdichtung in der Montage ein Informationssystem, das gestaltende Produktinformationen sowie restriktive Potentialinformationen enthält. Die Informationen werden zu Kapazitäts-, Komplexitäts- sowie Flexibilitätskennzahlen komprimiert, um damit im Rahmen der Systemauslegung eine quantitative Aussage über den Aufwand der Automatisierung treffen zu können.

SCHOLZ (1989) stellt ein Montagemodell, bestehend aus Strukturmodell, physikalischem, technologischem und geometrischem Modell vor. Geometrie- und Topologieinformationen über die Produkte sind Basis des Montagevorranggraphs. Zusätzliche technologische Informationen über die Betriebsmittel, Stationen und Puffer fließen in die Layoutplanung, die Bewegungs- und Ablaufsimulation sowie die Wirtschaftlichkeitsbetrachtung ein. Diese vorrangig geometrischen und funktionalen Informationen bilden auch in zahlreichen weiteren Arbeiten die wesentlichen Grunddaten der konventionellen Montageplanung (s. a. SCHÄFER 1992,

S. 53; SCHUSTER 1992; DEUTSCHLÄNDER 1989; SCHMIDT & GANGHOFF 1991).

FELDMANN (1996) konzipiert ein Datenschema für die durchgängig rechnergestützte Montageplanung. Dabei wird neben einem Produkt- und Betriebsmittelmodell auch ein Prozeßmodell zur Ablaufbeschreibung in Form eines Petri-Netzes definiert. Datentechnisch bestehen die Prozesse aus Stellen und Transitionen und erhalten als einziges merkmalsorientiertes Attribut die Zeitdauer, die während einer Stelle im Schnitt verstreicht (FELDMANN 1996, S. 96).

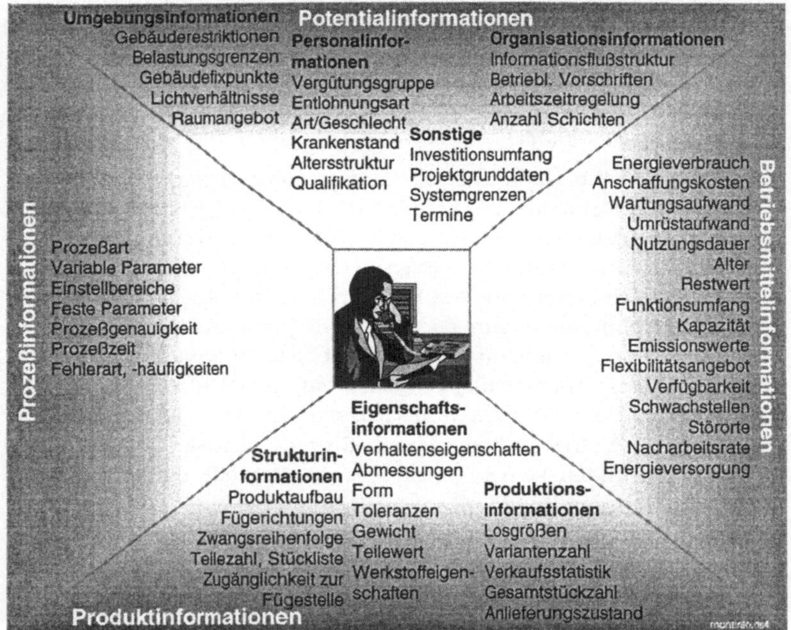

Bild 3.2: *Zusammenstellung des Informationsangebots in der Montageplanung (nach ZIERSCH 1985; BULLINGER 1986; KETTNER 1988; SCHOLZ 1989; LOTTER 1992).*

GANGHOFF (1993) entwickelt ein neutrales Planungswerkzeug für komplexe produktionstechnische Aufgaben und spezialisiert dies auf die Wissensdomäne der Montagesystementwicklung. In der Anwendung des Werkzeugs fordert er den Planer zur Spezifikation von objektbeschreibenden Attributen über Werkstücke, Vorgänge und Einrichtungen auf (GANGHOFF 1993, S. 149). Diese Informationen werden zur Auswahl von

Betriebsmitteln sowie zur Vorgangszerlegung im Rahmen der Strukturplanung wiederverwendet. Auch REINISCH (1990, S. 354) läßt die Eingabe freier Zusatzinformationen über Betriebsmittel zu, die allerdings aufgrund einer fehlenden Methodenzuordnung nicht für weitere Teilaufgaben verwendet werden und damit dem Planer nur als eingeschränkt verwendbares Auswahlkriterium für Betriebsmittel dienen.

In den aufeinander aufbauenden Arbeiten von ZIERSCH (1985), WINKELHAKE (1989) sowie SCHULZ-KRATZENBERG (1993) werden Informationen über das zeitliche Betriebsverhalten von Komponenten aus Schwachstellenanalysen akquiriert und für weitere Anwendungen aufbereitet. Die Daten werden unter Einbeziehung des Werkstückverhaltenstyps und der Montagefunktionen abgelegt, wobei die Einordnung manuell unterstützt werden muß (WINKELHAKE 1989, S. 86). Die verdichteten Informationen über Verfügbarkeit, MTBF, Störorte etc. der Betriebsmittel werden bei SCHULZ-KRATZENBERG für eine rechnergestützte Instandhaltungsplanung verwendet.

Bild 3.2 zeigt eine Übersicht, der in den Montageplanungsmethoden verwendeten Informationen. Diese liefern die Ausgangsbasis im Montageplanungsprozeß, mit der der Planer, unterstützt durch seinen persönlichen Erfahrungsschatz, geeignete Systemkonzepte entwirft und diese nach anwenderorientierten Kriterien bewertet. Allerdings sind diese Informationen nur unzureichend für die qualitätsorientierte Montageplanung. Eine auf den Kunden ausgerichtete Informationsbereitstellung hinsichtlich Anforderungen, Qualitätsmerkmalen und Betriebsbedingungen wird derzeit stark vernachlässigt. Auch Qualitätsinformationen bezüglich Betriebsmittel wie z.B. Störorte, kausale Fehlerketten, Störursachen finden keinen Eingang in die Methode der Montageplanung. Diese Informationen müssen beispielsweise aus den Phasen der Inbetriebnahme oder der Betreuung beim Kunden systematisch in den Planungsprozeß zurückgeführt werden. Ansätze hierzu fehlen in den betrachteten Methoden.

3.2.3 Bewertung und Auswahl von Systemkonzepten

Eine kritische Überprüfung der erzeugten Lösungsprinzipien hinsichtlich ihrer Zielwirksamkeit ist aufgrund der Forderung nach einer hohen Planungssicherheit und -qualität nach jedem Planungsteilschritt notwendig (SCHÄFER 1992, S. 22). Dazu erfolgt in den häufigsten Fällen die Ermittlung der Investitionskosten. SCHÄFER (1992, S. 176) schlägt die Durchführung der Wirtschaftlichkeitsbetrachtung ausschließlich anhand der Anschaffungskosten der Komponenten vor. SCHUSTER (1992, S. 100) kalkuliert neben der notwendigen Investition alternativer Systemvarianten zudem die Projektkosten.

BULLINGER (1986, S. 193) führt zur Auswahl des Montagekonzepts eine erweiterte Wirtschaftlichkeitsrechnung durch, die mit einem Arbeitssystemwert, bestehend aus sach- und personenbezogenen Kriterien, ergänzt wird. Für technische Lösungen fordert er zudem die Bewertung des Erfüllungsgrads der Aufgabenstellung bzw. der Höhe des Anwendernutzens (BULLINGER 1986, S. 289). Dieser Erfüllungsgrad hinsichtlich zeitlicher, funktionaler, dynamischer oder geometrischer Gesichtspunkte wird in weiteren Arbeiten durch eine simulationsgestützte Analyse des Anlagenmodells ermittelt. So läßt sich bereits in der Grobplanungsphase mit Hilfe der Ablaufsimulation quantitativ die Verfügbarkeit, die Durchlaufzeit, der zu erwartende Nutzungsgrad, die erreichbaren Stückzahlen des Gesamtsystems sowie weitere komponentenspezifische Informationen, z.B. Pufferfüllstände, analysieren (AMANN & HARTBERGER 1990; KFK 1989, S. 61; ABELS 1993; SCHLÜTER 1989, S. 108; WIENDAHL & SCHULZ-KRATZENBERG 1991, S. 19).

Weiterhin führt SCHUSTER (1992) im Rahmen seiner Richtlinie für das Simultaneous Engineering mit Hilfe der 3D-Bewegungssimulation qualitative Montierbarkeits- bzw. Kollisionsstudien durch. Grundlage hierzu ist ein im CAD-System erzeugtes Volumenmodell des Montagesystems. Der 3D-Simulation können Zeiten für Bewegungsabläufe entnommen werden, die wiederum Basis für Taktzeit- oder Verfügbarkeitsanalysen bilden (SCHOLZ 1989, S. 122). Das von FELDMANN (1996) entwickelte Rechnerwerkzeug CosMonAut dient als Integrationsplattform, mit dem ausgehend vom Montageablauf einige Synthese- und Analyseschritte auf Basis eines einheitlichen Datenmodells durchgeführt werden können. Zur Funktionsanalyse werden unterschiedliche bestehende Rechnerwerkzeuge für eine 3D-Simulation der Montagevorgänge sowie für eine Layoutoptimierung und Konfiguration von Betriebsmittelbausteinen in die Plattform eingebunden. Weitere Analysen sind hinsichtlich Kapitalwert der Anlage, Baldwin-Zins, Amortisationszeit und Montagestückkosten sowie quasi-simulativ hinsichtlich Takt- und Durchlaufzeit möglich (FELDMANN 1996, S. 131FF). Die dazu eingesetzten analytischen Berechnungsverfahren finden sich bei SCHMIDT (1992, S. 112).

DEUTSCHLÄNDER (1989, S. 85) schlägt für eine rechnergestützte Bewertung verschiedene Kriterien des Betriebsverhaltens vor. Dazu soll der Planer Basisinformationen im System eingeben und automatisch den numerisch berechneten Gesamtwert einer Lösungsalternative erhalten. Die Ansätze werden jedoch nicht weiter detailliert.

LOTTER (1992, S. 382) orientiert seine Konzeptanalyse am Ausstoßverhalten automatisierter Montagesysteme. Dabei fordert er eine frühzeitige Taktzeitüberprüfung und Verfügbarkeitsermittlung, um die gewonnenen Erkenntnisse iterativ in die verschiedenen Planungsphasen zurückzuführen. Mathematische Verfahren zur Abschätzung des zeitlichen Betriebsverhaltens von Montagesystemen werden beispielsweise von WIENDAHL & WALENDA (1988) vorgestellt. Zahlreiche Berechnungsformeln zur Überprüfung verschiedener Zielsetzungen in der Grobplanungsphase entkoppelter Montagesysteme faßt BULLINGER U.A. (1993, S. 151FF) zusammen. Weitere Arbeiten auf dem Gebiet der Zuverlässigkeitsanalyse und -berechnung führen u.a. VON STETTEN (1977), REITHOFER (1987) und BIROLINI (1991) durch.

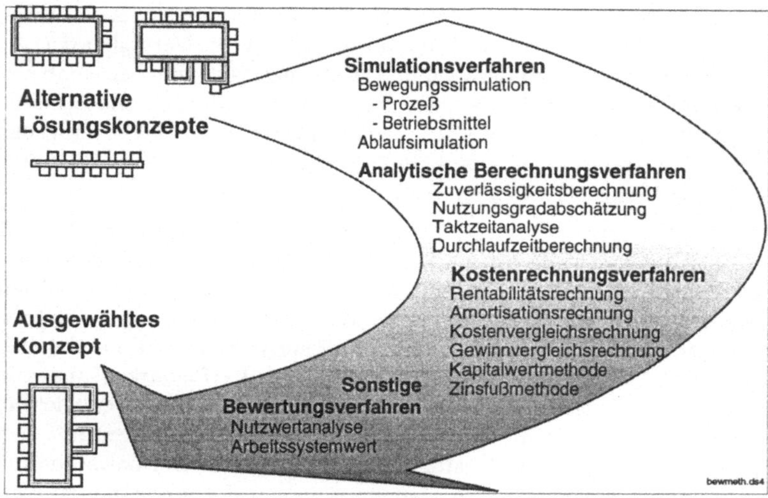

Bild 3.3: Eingesetzte Verfahren zur Bewertung und Auswahl alternativer Systemkonzepte.

Bild 3.3 zeigt die Verfahren zur Bewertung und Analyse der Systemkonzepte im Überblick. Hinzu kommen weitere auf spezielle Eigenschaften wie Flexibilität fokussierte Analysen, die jedoch für die Zielsetzung der Arbeit nicht von Bedeutung sind. Generell läßt sich aussagen, daß die Zielsysteme in der Montageplanung vorrangig funktional oder kostenorientiert sind. Direkte, für den Kunden wahrnehmbare Merkmale werden nicht betrachtet. Ansätze hierzu sind bei der Anwendung von Simulationssystemen zu erkennen. Diese Art der Konzeptbewertung setzt jedoch in einem meist stark fortgeschrittenem Planungsstadium ein. Ein methodisches Vorgehen zur frühzeitigen Bewertung beispielsweise grundsätzlicher Montagekonzepte hinsichtlich ihrer Erfüllung der Kundenforderungen fehlt.

3.2.4 Defizite

In diesem Abschnitt konnten Defizite hinsichtlich einer präventiven Verbesserung des in Kapitel 2 erläuterten Qualitätsverhaltens in den Bereichen **Planungsmethode**, **Informationsbereitstellung** und **Konzeptbewertung** aufgezeigt werden. Eine Zusammenfassung der beschriebenen Defizite zeigt Bild 3.4.

Bereich	Defizit	Bemerkung
Planungsmethode	Keine systematische Priorisierung kritischer Prozesse, Betriebsmittel und Randbedingungen.	*KADEN (1988) fordert dies bei der Planung komplexer Systeme.*
	Fehlende methodische Unterstützung bei der Gestaltung kritischer Prozesse.	*In Bezug auf Störungsreduktion und Störungskompensation stellt ZIERSCH (1985) einige Ansätze vor.*
	Keine Begleitung der Realisierungsphase durch den Montageplaner.	*BULLINGER (1986), DEUTSCHLÄNDER (1991) und GROB & HAFFNER (1982) streifen hier einige Aspekte wie die Beschaffung von Betriebsmitteln oder die Einweisung des Personals.*
	Kein planerisches Vorgehen bei Optimierungen in der Inbetriebnahmephase	
	Kein methodisches Vorgehen bei der Optimierung von virtuellen/realen Prototypen.	*Vorgehensweisen zur Verbesserungen von Simulationsmodellen werden von den Autoren nicht genannt.*
	Keine Bewertung realisierter Montagesysteme.	*BULLINGER (1986, S. 335) schlägt hierzu lediglich ein kosten- und auslastungsorientiertes Controlling vor.*
Informationsbereitstellung	Keine durchgängige Berücksichtigung von Kundenforderungen und Betriebsbedingungen.	
	Keine qualitätsorientierten, prozeß- bzw. betriebsmittelspezifische Informationen z.B. über Fehlerzusammenhänge, Störorte, Störursachen.	
	Kein Transfer von qualitätsrelevanten Informationen zwischen Planung, Erprobung und Betrieb.	*Oft nur funktionale Information wie z.B. Steuerungsprogramme (FELDMANN 1996).*
Konzeptbewertung	Häufig nur funktionales bzw. kostenorientiertes Zielsystem.	
	Spät einsetzende, aufwendige Bewertung, z.B mit Hilfe der Simulationstechnik.	*Einfachere Ansätze lassen sich in der Abschätzung des Nutzungsgrads oder der Taktzeit erkennen.*

Bild 3.4: Zusammenfassung wesentlicher Defizite.

Die Vorgehensweise in der konventionellen Montageplanung beschränkt sich im weitesten Sinne auf die funktionale Gestaltung des Montagesystems. Die Realisierung der Montagekomponenten sowie die Inbetriebnahme und Betreuung in der Nutzungsphase werden aus den originären Aufgaben des Montageplaners weitgehend ausgeklammert. Gerade die in dieser Phase häufig notwendigen Optimierungen bilden jedoch einen wesentlichen Erfahrungsschatz, der von den Planern für weitere Projekte unbedingt genutzt werden muß. Systematische Vorgehensweisen hierzu sind in den analysierten Planungsmethoden nicht vorhanden.

Das Leistungspotential einer Anlage hängt, wie in Kapitel 2 gezeigt, mit den Risiken der Betriebsbedingungen zusammen. Bei der daraus abzuleitenden erforderlichen frühen Risikobeurteilung ist ein Defizit zu erkennen, da die konventionelle Ermittlung der Ausgangssituation häufig nicht ausreicht, um darauf aufbauend das notwendige weitere Planungsvorgehen auf die Probleme der Betriebsbedingungen auszurichten. Die Erarbeitung kritischer Problemfelder muß jedoch bereits in der frühen Initiierungsphase, nach dem Vorliegen der ersten relevanten Informationen durchgeführt werden.

Wesentliche Defizite wie z.B. die fehlende Risikobewertung oder die systematische Konzeptoptimierung können mit den im folgenden vorgestellten Methoden des Quality Engineering behoben werden.

3.3 Quality Engineering in der Montageplanung

3.3.1 Quality Engineering

Quality Engineering (QE) ist eine Bezeichnung für die Anwendung bestimmter Verfahren, die durch Vermeidung von aufwendigen Änderungen und Rekursionen ergänzend zum Simultaneous Engineering zur Reduzierung der Entwicklungszeit beitragen sollen (KAMISKE 1996, S. 77; KERSTEN 1994, S. 437). Nach KAMISKE (1996, S. 78) zählen dabei die Methoden der **Risikoanalyse** (Fehler- Möglichkeits- und Einflußanalyse, FMEA), des **Design of Experiments** (DoE, statistische Versuchsmethodik), des **Quality Function Deployment** (QFD) sowie die **Fähigkeitsuntersuchungen** und **statistischen Methoden zur Regelung von Prozessen** (statistical process control, SPC) zu den bevorzugten und weitgehend anerkannten Techniken des QE, die bislang in den Entwicklungsablauf von Serienprodukten eingebunden werden (s. Bild 3.5).

In den folgenden Abschnitten werden die Werkzeuge, wesentliche Begriffe sowie die Teilschritte und Vorgehensweise bei der Anwendung vorgestellt. Zu jedem Werkzeug werden Vor- und Nachteile erörtert und die Anwendbarkeit für die qualitätsorientierte Montagesystementwicklung überprüft.

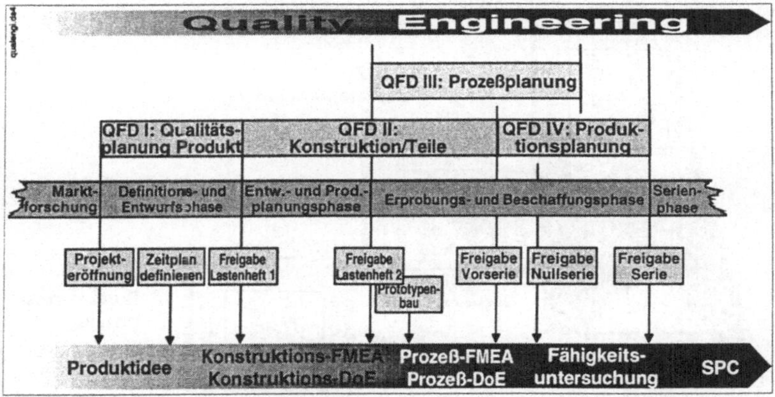

Bild 3.5: *Die Methoden des Quality Engineering im Entwicklungsablauf von Serienprodukten (KAMISKE 1996).*

3.3.2 Werkzeuge des QE

3.3.2.1 Quality Function Deployment

Das Ziel der Methode läßt sich aus dem Namen ableiten, der besagt, daß Qualitätsmanagementmaßnahmen (quality functions) gezielt in der Produktentwicklung und -herstellung zu entfalten (to deploy) sind (HARTUNG 1994, S. 9). Das QFD ist damit eine Methode zur ganzheitlichen Produkt- und Qualitätsplanung, die sich an den Kundenforderungen orientiert.

Es lassen sich einige Varianten des QFD hinsichtlich ihres mehr oder weniger umfassenden Betrachtungsfeldes unterscheiden. Als wesentliche Ansätze werden in der Literatur der Vierstufenansatz nach Makabe, der ganzheitliche Ansatz nach Akao, der Ansatz nach King sowie der Ansatz nach ASI genannt (REINHART U.A. 1996, S. 55FF; HARTUNG 1994, S. 10FF; HOFFMANN 1997, S. 24FF). Einen grundlegenden Phasenablauf, der häufig aufgegriffen wird, zeigt Bild 3.6. In Phase 1 gehen die Qualitätsmerkmale eines Produktes aus den Kundenforderungen hervor, die in Phase 2 den Produktkomponenten zugeordnet werden. Die Anforderungen an die Produktionsprozesse werden in Phase 3 aus den Spezifikationen der Komponenten abgeleitet. Phase 4 schließlich erarbeitet die Auslegungsspezifikationen für die Fertigungs- und Prüfmittel.

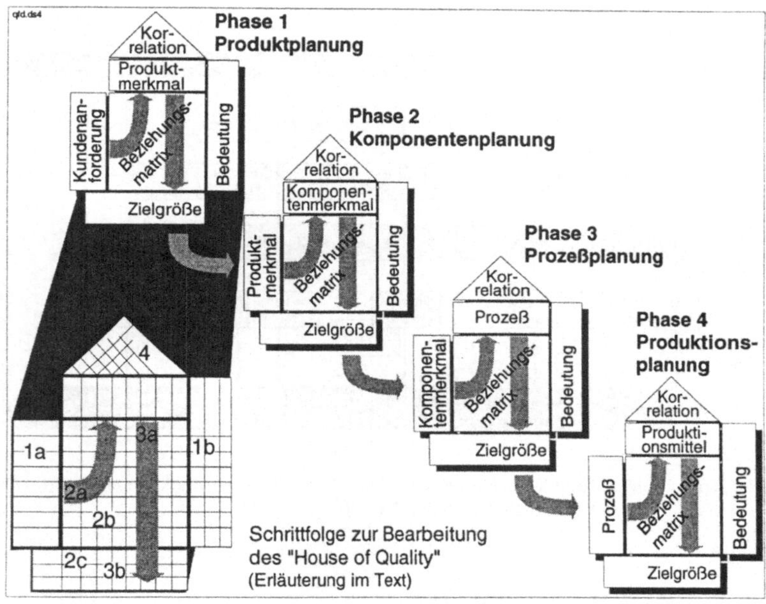

Bild 3.6: Die Phasen des QFD und die Erstellung des "House of Quality".

Mit je nach Phase differierenden Betrachtungsobjekten wiederholen sich dabei die Arbeitsschritte zur kontinuierlichen Darstellung im „House of Quality", dem zentralen Instrument des QFD. In Schritt 1 erfolgt die Ermittlung (1a) und Gewichtung (1b) der Anforderungen aus der vorhergehenden Phase wie z.B. die Ermittlung der Kundenforderungen in Phase 1 oder der Produktmerkmale in Phase 2. Der 2. Schritt konkretisiert diese Anforderungen, leitet Qualitätsmerkmale (2a) für das jeweilige Betrachtungsobjekt ab und analysiert diese hinsichtlich ihres Beitrags zur Erfüllung der Anforderungen (2b). Aus der Gewichtung des Merkmals (1b) und dem Beitrag zur Erfüllung (2b) wird mittels dem Skalarprodukt die technische Bedeutung der Merkmale einer Betrachtungseinheit (2c) synthetisiert. Im 3. Schritt werden Zielgrößen für die Merkmale festgelegt (3a) und die technischen Schwierigkeiten bei der Realisierung (3b) der Betrachtungseinheit mit den vorgegebenen Zielgrößen abgeschätzt. Der 4. Schritt analysiert die Wechselwirkungen (4) zwischen den Merkmalen, um etwaige Zielkonflikte frühzeitig berücksichtigen zu können.

Die Durchführung des QFD erfolgt konsequent im Rahmen von SE-Teams. Dabei stellt die auf die Erfüllung von Kundenforderungen gerichtete Kommunikation und Konsensbildung im interdisziplinären Team einen wesentlichen Erfolgsfaktor der Methode dar (REINHART U.A. 1996, S. 54). Als wesentliche Defizite des QFD sind jedoch zu nennen:

- eine fehlende Überprüfbarkeit der Merkmalserfüllung in beliebigen Phasen auf die Ausgangsforderungen des Kunden aufgrund der nicht durchführbaren Rückübersetzung über mehrere Matrizen,
- die Behandlung der Kundenbedürfnisse ausschließlich auf Systemebene (HOFFMANN 1997, S. 83),
- der extrem hohe Aufwand bei komplexen Produkten (PFEIFER 1993, S. 44),
- fehlende strukturierte Abläufe zur Durchführung einer QFD-gestützten Entwicklung, insbesondere für kleinere und mittlere Unternehmen (HOFFMANN 1997, S. 99)

Von einer direkten Integration des Werkzeugs in die qualitätsorientierte Entwicklungsmethode für Montagesysteme wird hier abgesehen. Dennoch bieten die Teilschritte wichtige Aspekte, die innerhalb der Methode zu berücksichtigen sind. Zudem sind die Grundwerkzeuge des QFD - Matrizen, Listen, Baumdiagramme, Portfolio-Analysen, Korrelations-Analysen - ebenfalls für die Unterstützung in der Montagesystementwicklung geeignet.

3.3.2.2 Fehler-Möglichkeits- und Einflußanalyse

Die FMEA (DIN-NORM 25448 1990, VDA 1986) zählt zu den analytischen Methoden zur Prognose, Bewertung und Vermeidung des Risikos[16] beliebiger Objekte. Dabei steht das Auffinden von potentiellen Fehlern sowie deren möglicher Ursachen und damit eine qualitative Betrachtung der Fehler im Vordergrund[17].

[16] Das Risiko eines beliebigen Fehlers wird durch die Schwere der potentiellen Auswirkungen und die Eintrittswahrscheinlichkeit (Entstehungswahrscheinlichkeit, Entdekkungswahrscheinlichkeit) des Fehlers charakterisiert (REINHART U.A. 1996, S. 87). Ein Risiko bezieht sich damit immer auf einen bestimmten Fehler.

[17] Zur quantitativen Prognose der Verfügbarkeit und Zuverlässigkeit werden die Methoden Fehlerbaumanalyse (DIN-NORM 25424 1981), Ereignisablaufanalyse (DIN NORM 25419 1985), das Boole'sche Modell (VDI-RICHTLINIE 4008 1986B) oder das Markoff-Modell (VDI-RICHTLINIE 4008 1986A) angewandt.

Die Schrittfolgen zur Durchführung einer FMEA lassen sich in drei Phasen gliedern, die anhand des Dokumentationsformblatts verdeutlicht werden (s. Bild 3.7). Nach der eindeutigen Identifikation und Beschreibung des Untersuchungsobjekts werden in der Risikoanalyse alle denkbaren Fehler, potentiellen Ursachen sowie die Folgen beschrieben und aufgelistet. In der Risikobewertung werden die Fehler-Ursache-Folge-Kombinationen hinsichtlich der Auftretenswahrscheinlichkeit der Ursache (A), der Bedeutung der Folgen (B) und der Entdeckungswahrscheinlichkeit des Fehlers (E) mit Risikofaktoren belegt. Aus dem Produkt der Risikofaktoren A, B und E ergibt sich die Risikoprioritätszahl (RPZ). In Abhängigkeit der RPZ werden nun in der Phase der Konzeptoptimierung fehlervermeidende, fehlerentdeckende oder folgenbegrenzende Maßnahmen erarbeitet. Nach Abschluß der Maßnahmen ist eine erneute Risikobewertung vorzunehmen.

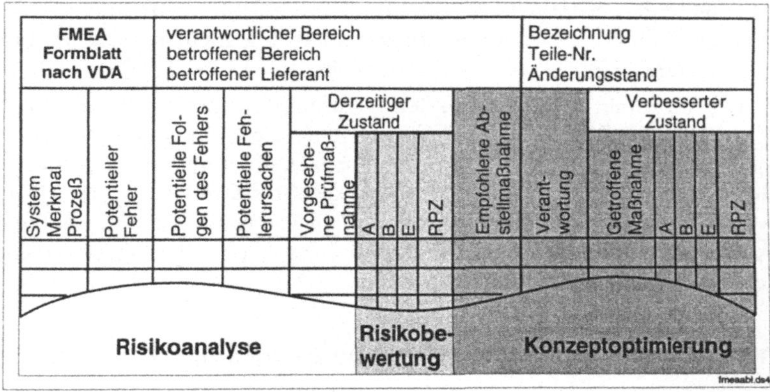

Bild 3.7: Formblatt für die Durchführung einer FMEA nach VDA (1986).

Untersuchungsobjekte können konstruktive Merkmale von Produkten (Konstruktions-FMEA), Prozeßschritte in Fertigung und Montage (Prozeß-FMEA) oder Komponenten beliebiger Systeme sein, bei denen insbesondere die Fehlerfortpflanzungen im Mittelpunkt stehen (System-FMEA).

Bei der umfassenden Risikoanalyse komplexer Produkte bilden diese Varianten der FMEA jeweils die Extremfälle auf hohem Detaillierungsniveau (Prozeß-/Konstruktions-FMEA) bzw. Abstraktionsniveau (System-

FMEA) und sollten iterativ entsprechend der Produktstruktur durchgeführt werden[18].

Organisatorisch wird die FMEA in interdisziplinären Teams aus Fachleuten aller betroffenen Bereiche durchgeführt. Die zur Durchführung notwendigen Informationen lassen sich aus früheren Planungsprozessen oder im Rahmen von Felddatenerfassungen gewinnen (EBNER 1996). Zur Dokumentation der Ergebnisse werden Formblätter nach VDA (1986) bzw. DIN-NORM 25448 (1990) verwendet oder geeignete Rechnerhilfsmittel (z.B. nach EBNER 1996) mit dem wesentlichen Vorteil der Speicherung und Wiederverwendbarkeit von erzeugtem Wissen für weitere FMEA's eingesetzt.

FMEA's sind aufwendige Analyseverfahren, deren Einsatz auf die kritischen Punkte einer Entwicklung konzentriert werden muß (REINHART U.A. 1996, S. 89). Eine vorgelagerte Systemanalyse mit der Auswahl und Identifikation kritischer Elemente und Betriebszustände ist daher eine wesentliche Voraussetzung für die erfolgreiche Durchführung. Vorteile wie reduzierte Gewährleistungskosten, geringere Änderungskosten oder geringerer Ausschuß in der Produktion sind dann unbestreitbar. Darauf läßt sich die hohe Anwendungsquote des Werkzeugs von 77% in einer Befragung von 93 Unternehmen zurückführen (BRAUER 1996, S. 24). Für kritische Elemente der Montagesysteme läßt sich dieses Werkzeug in der Montageplanung sowie in der Betriebsmittelrealisierung sinnvoll nutzen und soll daher in der zu entwickelnden Methode berücksichtigt werden.

3.3.2.3 Statistische Versuchsmethodik

Die statistische Versuchsmethodik (Design of Experiments, DoE) stellt Verfahren zur Auslegung und Optimierung von Produkten und Prozessen mit Hilfe geplanter Versuche zur Verfügung. Die Vorteile liegen in einer statistischen Absicherung der Ergebnisse, einer Reduzierung des Versuchsaufwands, der zudem frühzeitig abgeschätzt werden kann, sowie in der Transparenz und Nachvollziehbarkeit der Ergebnisse (FLAMM 1995, S. 9)

Die meisten Versuchsplanungsverfahren lassen sich auf die klassische Versuchsmethodik nach Sir Ronald Aylmer Fisher zurückführen

[18] Für eine permanente Systemanalyse entwickelte EDENHOFER & KÖSTNER (1991) eine Methode, bei der in Zwischenstufen entsprechend der Produkttopologie jeweils Fehler-Ursache-Folge-Kombinationen bauteilübergreifend analysiert bzw. synthetisiert werden. Sukzessive wendet er dabei ausgehend von der System-FMEA die Methoden der Ereignisablaufanalyse und Fehlerbaumanalyse an und schließt das Vorgehen mit der Prozeß- und Konstruktions-FMEA ab.

(PFEIFER 1993, S. 96). Die Grundidee liegt in einer systematischen, vollständigen Variation von Einflußgrößen (häufig auch Faktoren) mit unterschiedlichen Einstellungsstufen und der daraus abgeleiteten Berechnung von Effekten auf bestimmte Objektmerkmale (Zielgrößen, Antwortgrößen) (QUENTIN 1994, S. 30). Mit Hilfe vollfaktorieller, multivarianter Pläne kann dabei simultan der Einfluß mehrerer Einflußgrößen auf mehrere Zielgrößen untersucht werden.

Der Versuchsplan stellt eine konkrete Handlungsanweisung für die Versuchsdurchführung dar und liefert die Grundlage für die Auswertung. In der Planmatrix (s. Bild 3.8 links) werden die einzelnen Faktoren so kombiniert, daß jede Kombinationsmöglichkeit enthalten ist und die Anzahl der Niveaukombinationen in jeder Kolonne der Planmatrix gleich oft angeordnet ist[19]. Daraus läßt sich die Anzahl der Versuche z nach der Formel

$$z = n^k \qquad 3.1$$

abschätzen, mit n gleich der Anzahl der Einstellungsstufen eines Faktors und k gleich der Anzahl der Faktoren (REINHART U.A. 1996, S. 134). Häufig werden 2^k bzw. 3^k-Versuchspläne gebildet, also mit Faktoren auf 2 bzw. 3 Einstellungsstufen.

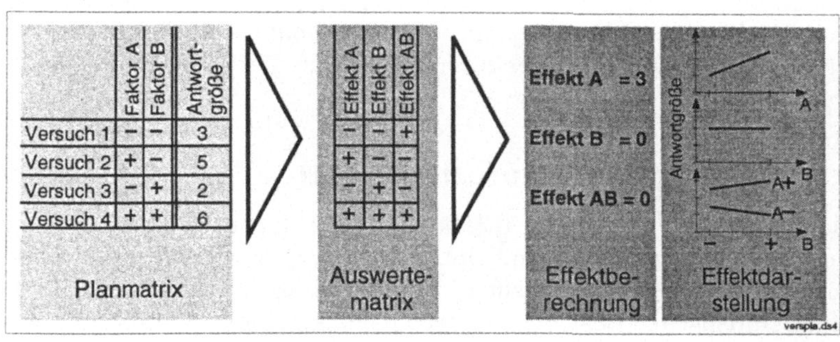

Bild 3.8: Planung und Auswertung eines vollfaktoriellen Versuchsplans mit 2 Faktoren.

Jede Zeile der Planmatrix entspricht einem Versuch mit den angegebenen Einstellungen der Faktoren. Zu jeder Einflußkombination werden bei der Versuchsdurchführung die Werte der Zielgröße in der Antwortspalte der Planmatrix eingetragen. Aus einer formalen Multiplikation

19 Sind beide Kriterien erfüllt spricht man nach BRUNNER (1990) von einem orthogonalen Versuchsplan.

der Faktorspalten der Planmatrix ergibt sich die Auswertematrix, mit deren Hilfe schließlich die Haupt- und Wechselwirkungseffekte der Faktoren auf die Zielgröße berechnet und dargestellt werden können (s. KROTTMAIER 1994, S. 35FF). Die Bestimmung der Wechselwirkungen ist eine wesentliche Stärke der vollfaktoriellen Versuche. Ein Wechselwirkungseffekt zwischen Einflußgrößen liegt dann vor, wenn sich die Wirkung eines Faktors auf die Zielgröße bei einem Stufenübergang der anderen Faktoren ändert (FRANZKOWSKI 1994, S. 507).

Die ermittelten Effekte stellen Kenngrößen dar, die den Einfluß der Faktoren und deren Wechselwirkungen quantitativ wiedergeben (FLAMM 1995, S. 12). Neben dieser Auswertung kann zudem in einer Varianzanalyse die Signifikanz verschiedener Faktoren, d.h. die Wahrscheinlichkeit bestimmt werden, mit der ein Faktor einen Einfluß auf ein Versuchsergebnis hat (KROTTMAIER 1994, S. 39).

Die Effektberechung liefert Aussagen über das Systemverhalten bei gezielter Veränderung von Einflußgrößen. Die Erfahrung zeigt jedoch, daß auch bei identischen Einstellungen der Faktoren Schwankungen der Zielgrößen zu beobachten sind (bspw. bei Versuchswiederholungen), die durch Störgrößen hervorgerufen werden. In der Reduzierung dieser Merkmalsstreuung und dem kontinuierlichen Streben nach der Zielgröße liegt bedeutendes Potential zur Steigerung der Qualität bei gleichzeitiger Reduzierung der Kosten (TAGUCHI 1986, S. 140). Dies kann erreicht werden durch eine, mit Hilfe von steuerbaren Systemparametern (Steuergrößen), robuste[20] Einstellung des Prozesses gegenüber diesen Störgrößen.

Gemäß dieser Forderung entwickelte TAGUCHI eine Versuchsplanungsmethode, die neben der Variation der Steuerparameter auch eine Variation der Störfaktoren vorsieht[21] (TAGUCHI 1986, S. 139FF). Als Zielgröße wird die auf den Mittelwert bezogene relative Streuung eingeführt[22]. Diejenige Einstellung der Steuerparameter, bei der die Störgrößen zu einer minimalen relativen Streuung der Zielgröße führen, wird als Optimum angesehen. Zur Reduzierung des Versuchsaufwands benutzt

---

[20] robust = störungsunempfindlich; TAGUCHI begründet diese Aussage ausführlich mit Hilfe einer Verlustfunktion, die den Zusammenhang zwischen der Abweichung eines Qualitätsmerkmals von der Zielgröße und den dadurch entstehenden Kosten für die Gesellschaft beschreibt.

[21] In diese Methode können beispielsweise die variablen (Steuergrößen) und festen (Störgrößen) Prozeßparameter, die in Abschnitt 2.3.1 aufgezeigt wurden, eingeordnet werden.

[22] TAGUCHI nennt diese Größe "signal-noise-factor". Die Berechnung hängt von der Art des Qualitätsmerkmals ab. Detaillierte Hinweise zur Berechnung können KROTTMAIER (1994, S. 137FF) entnommen werden.

TAGUCHI teilfaktorielle Versuchspläne, die als Nachteil jedoch eine Effektüberlagerung bei der Auswertung bedingen (PFEIFER 1993, S.116). Sinnvoll einsetzbar sind diese Versuchspläne nur, wenn Wechselwirkungen zwischen Faktoren ausgeschlossen werden können.

Die Versuchsmethodiken, insbesondere die Ansätze TAGUCHIS, bringen aufgrund der notwendigen statistischen Voraussetzungen zur Durchführung ein gewisses Risiko mit sich, das jedoch bei einer gründlichen Systemanalyse minimiert werden kann (PFEIFER 1993, S. 130). Insbesondere bei komplexen Prozeßproblemen kann durch den Einsatz der Methode ein erheblicher, wirtschaftlicher Vorteil gegenüber ungeplanten „Probeläufen" erwartet werden. Daß dies bereits vielfach erkannt wurde, zeigt der überdurchschnittliche Anstieg der Anwendungshäufigkeit des DoE von über 170 % in den Jahren '93 bis '95 (BRAUER 1996, S. 24). In der Montageplanung eignen sich die Versuchmethoden insbesondere für die Durchführung von Testläufen einzelner Komponenten unter Berücksichtigung der Betriebsbedingungen oder für Justage- und Einstellarbeiten bei komplexen Wechselwirkungen.

3.3.2.4 Statistische Prozeßregelung

Bei der statistischen Prozeßregelung (Statistical Process Control, SPC) wird das zeitliche Verhalten von Qualitätsmerkmalen eines Prozesses oder Produktes beurteilt. Wie bereits bei der statistischen Versuchsmethodik ist die Philosophie der Streuungsminimierung und des ständigen Strebens nach der Zielgröße Grundlage der Prozeßbeurteilung (DIETRICH & SCHULZE 1995, S. 4). DIETRICH & SCHULZE schlagen hierzu ein Vorgehen gemäß Bild 3.9 vor.

Die SPC basiert auf Meßwerten, die dem Prozeß oder einer Produktserie in Intervallen entnommen werden. Die Entnahme erfolgt in Stichproben. Für jede Stichprobe werden Mittelwert und Streuungsmaße (Spannweite R oder Standardabweichung s) berechnet, die in eine Qualitätsregelkarte zur Visualisierung des Verhaltens eingetragen werden. Häufig werden zweispurige Qualitätsregelkarten eingesetzt, bei denen in je eine Spur Mittelwert und Standardabweichung (x-s-Karte) oder Mittelwert und Spannweite (x-R-Karte) eingezeichnet werden.

Anhand des Verlaufs der Werte in der Regelkarte wird die Stabilität der Prozesse beurteilt[23]. Dazu werden in Abhängigkeit des Regelkarten- sowie Prozeßtyps (Prozesse mit zufälligen, systematischen oder sprung-

[23] Ein Prozeß ist stabil, wenn nur mehr zufällige Einflüsse (Störgrößen, Kap. 3.3.2.3) wirken. Gilt die Vorausetzung der Stabilität, spricht man von einem beherrschten, unter statistischer Kontrolle befindlichen Prozeß (RUFFING 1993, S. 241)

haften Mittelwertveränderungen) Warn- und Eingriffsgrenzen eingezeichnet, die sich aus den vorangegangenen Stichprobenergebnissen berechnen (NOWACK 1994, S. 578-581). DIETRICH & SCHULZE (1995, S. 155) geben insgesamt 8 Bedingungen für eine Stabilitätsverletzung an, die auf statistisch unwahrscheinlichen Verläufen von aufeinanderfolgenden Stichprobenergebnissen oder auf der Verletzung von Eingriffsgrenzen beruhen. Ist die Stabilität nicht gegeben, wirken systematische Einflüsse, die zunächst abgestellt werden müssen. BLÜMEL (1987, S. 225) führt als Beispiel systematischer Einflüsse den Einsatz ungeübter Mitarbeiter, Werkzeugbruch oder variierende Materialparameter an.

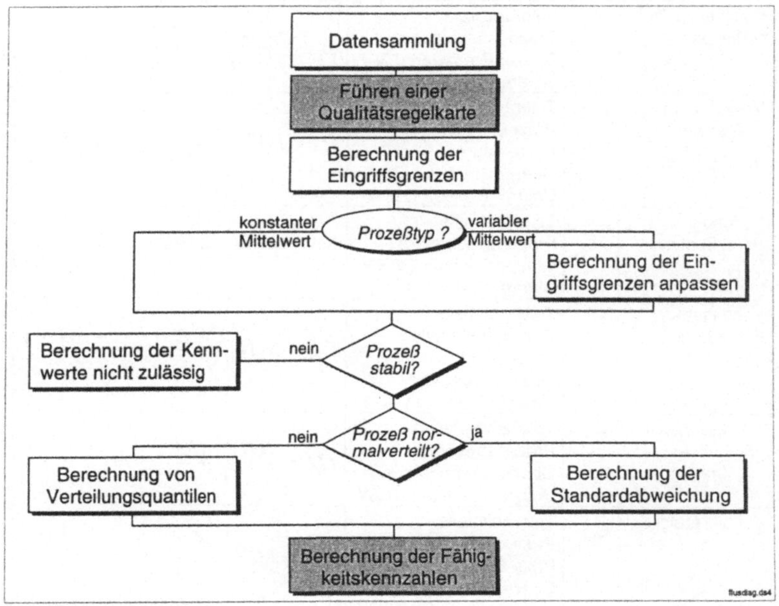

Bild 3.9: Schematischer Ablauf einer SPC nach DIETRICH & SCHULZE (1995).

Im Anschluß an die Beurteilung der Stabilität und in Abhängigkeit der statistischen Verteilung der Prozeßergebnisse kann durch die Bestimmung von Fähigkeitsindizes[24] die Prozeßgüte abgefragt werden (RUFFING 1993, S. 241). Grundsätzlich werden dazu das Prozeßpotential zur Be-

[24] Ein Prozeß ist fähig, wenn die Prozeßergebnisse innerhalb der vom Prozeßbenutzer vorgegebenen Toleranzbreite liegen. Dabei muß die Erfüllung der Stabilitätskriterien nicht zwangsweise gegeben sein (MOHR 1991, S.60).

urteilung der Prozeßstreuung und die Prozeßfähigkeit zur zusätzlichen Beurteilung der Prozeßzentrierung berechnet. Je nach Umfang der Analyse (Anzahl der Stichproben, Zeitraum der Stichprobennahmen) werden zusätzlich die vorläufige oder die fortdauernde Prozeßfähigkeit unterschieden (FORD 1991, VDA 1986). Die Kennzahlen stellen einen Vergleich der vom Prozeß erbrachten Leistung mit dem vorgegebenen Toleranzintervall dar. In Bild 3.10 sind die derzeit verwendeten Fähigkeitskennzahlen sowie deren Berechnung angegeben.

Fähigkeits-kennwert		abhängig von	Berechnungsformel (normalverteiltes Merkmal)
Vorläufiges Prozeßpotential	P_p	Toleranzbreite Prozeßstreubreite s Oberer Grenzwert OGW Unterer Grenzwert UGW	$P_p = \frac{OGW - UGW}{6s}$
Vorläufige Prozeßfähigkeit	P_{pk}	Toleranzbreite Prozeßstreubreite s Prozeßlage Oberer Grenzwert OGW Unterer Grenzwert UGW	$P_{pk} = MIN\left\{\frac{OGW - \bar{x}}{3s}; \frac{\bar{x} - UGW}{3s}\right\}$
Fortdauerndes Prozeßpotential	C_p	Toleranzbreite Prozeßstreubreite s Oberer Grenzwert OGW Unterer Grenzwert UGW	$C_p = \frac{OGW - UGW}{6s}$
Fortdauernde Prozeßfähigkeit	C_{pk}	Toleranzbreite Prozeßstreubreite s Prozeßlage Oberer Grenzwert OGW Unterer Grenzwert UGW	$C_{pk} = MIN\left\{\frac{OGW - \bar{x}}{3s}; \frac{\bar{x} - UGW}{3s}\right\}$
Kurzzeitpotential	C_m	Toleranzbreite Prozeßstreubreite s Oberer Grenzwert OGW Unterer Grenzwert UGW	$C_m = \frac{OGW - UGW}{6s}$
Kurzzeitfähigkeit	C_{mk}	Toleranzbreite Prozeßstreubreite s Prozeßlage Oberer Grenzwert OGW Unterer Grenzwert UGW	$C_{mk} = MIN\left\{\frac{OGW - \bar{x}}{3s}; \frac{\bar{x} - UGW}{3s}\right\}$
Prozeßfähigkeit nach Taguchi	C_{pm}	Toleranzbreite Prozeßstreubreite s Prozeßlage $\bar{x}$ Sollwert T Oberer Grenzwert OGW Unterer Grenzwert UGW	$C_{pm} = \frac{OGW - UGW}{6 \cdot \sqrt{s^2 + (\bar{x} - T)^2}}$

Bild 3.10: *Zusammenstellung aktuell bekannter Fähigkeitsindizes (nach FORD 1991; VDA 1986; RAMMELMÜLLER 1993; DIETRICH & SCHULZE 1995).*

Die Kennzahlen sind Verhältniszahlen aus Spezifikation und Prozeßergebnis und quantifizieren die Ausfüllung der vorgegebenen Toleranzbreite durch die reale Prozeßstreuung. Die reale Prozeßstreuung wird durch die Anzahl von Prozeßergebnissen ausgedrückt, die innerhalb der charakteristischen Streubreite liegen. Im Falle der Prozeßfähigkeit wird die charakteristische Streubreite durch 99,73% der Ergebnisse (entspricht 6s für einen normalverteilten Prozeß) beschrieben. Ein Fähigkeitswert von 1 bedeutet eine vollständige Ausnutzung des Toleranzbereichs. FORD (1991) stellt beispielsweise Mindestforderungen von 1,67 an die vorläufige und 1,33 an die fortdauernde Prozeßfähigkeit[25].

Die statistische Prozeßregelung sowie die Berechnung der Fähigkeitsindizes sind insbesondere im Bereich der Teilefertigung und der Werkzeugmaschinen in ihrer Akzeptanz und Bedeutung sehr weit fortgeschritten (WECK 1994). Dennoch können bei ungenügender Kenntnis des statistischen Hintergrunds und der Voraussetzungen sehr leicht Fehlurteile gefällt werden. Die Unterstützung der Ursachenforschung bei Stabilitätsverletzungen ist bislang kaum vorhanden. Weiterhin fehlt auch die Integration der im Rahmen der SPC gesammelten Erfahrung in vor- und nachgelagerte Bereiche. In der Montage eignen sich die Ansätze zur Überprüfung der Qualitätsforderungen, wenngleich hierzu die statistischen Voraussetzungen zu untersuchen sind. Zugleich bieten die Verfahren Möglichkeiten, die in Kapitel 2 identifizierten Einflüsse systematisch und allgemeingültig nachzuweisen und als Abnahmeverfahren Anwendung zu finden.

3.3.3 Ansätze zur Integration der Methoden in die Montageplanung

Die beschriebenen Methoden des QE werden heutzutage meist unabhängig voneinander und parallel zum Entwicklungsablauf eingesetzt. Zur Effizienzsteigerung sowie zur vorbeugenden Qualitätssicherung und zur Sicherung des erreichten Standards ist jedoch immer mehr die Einbindung von Qualitätsmethoden direkt in den Planungsablauf zu fordern. In der Vergangenheit wurden dahingehend bereits erste Ansätze vom Einsatz einzelner Werkzeuge als planungsunterstützende Methode bishin zu strategischen Betrachtungsweisen entwickelt.

KADEN (1988) empfiehlt speziell für große Systeme eine zielgerichtete Selektion von Qualitätsmethoden und Anlagenkomponenten und schlägt dazu eine Klassifizierung nach qualitätsrelevanten Kriterien und eine entsprechende Eingrenzung auf kritische Komponenten vor. Wei-

[25] Dies entspricht der Forderung, daß die charakteristische Streubreite eines Prozesses bei einer vorläufigen Bestimmung nur 60 %, bei einer fortdauernden Untersuchung 75 % des Toleranzintervalls ausfüllen darf.

terhin erachtet KADEN den systematischen Rückfluß von Erfahrungen aus Auslegung, Fertigung und Betrieb für die zukünftige Behebung und Vermeidung von Fehlern als wesentlich. Eine Anpassung des allgemeinen Ansatzes an die speziellen Qualitätsrisiken und die Informationen in der Montage fehlt.

Hierzu stellt beispielsweise SPATH U.A. (1995) ein Verfahren zur präventiven Qualitätssicherung in der Montage vor, das als eine Erweiterung der Prozeß-FMEA mit besonderer Zielorientierung auf variantenreiche Serienprodukte betrachtet werden kann. Kern des Ansatzes ist die Bereitstellung von prozeß- und produktspezifischem Fehlerwissen aus Vorgängermodellen sowie die Entwicklung einer Vorgehensweise für die frühe Planungsphase. Eine weitere, konsequente Unterstützung des Planers in den nachfolgenden Planungsphasen bleibt jedoch aus.

KRING (1989) integriert die Konstruktions-FMEA in den Planungsablauf und nutzt die Ergebnisse zur Festlegung der Prüfmerkmale im Rahmen der produktorientierten Prüfplanung in der Montage. Eine weitere Verwendung der FMEA-Ergebnisse und damit eine weitere Nutzung von Synergieeffekten beispielsweise für die spätere Fehlerbehebung bleibt aus.

Das Integrierte Methodensystem (IMS) in der Produktentwicklung führt die Methodensysteme des Value-, des Quality sowie des Simultaneous Engineering zusammen. Insgesamt werden dazu Synergieeffekte zwischen 12 Einzelmethoden genutzt, um die Effektivität und Effizienz im Planungsprozeß zu erhöhen (KERSTEN 1994, S. 430-432). Kernstück des IMS ist das Quality Function Deployment, das alle Planungsphasen begleitet. Sowohl bei der Methodenauswahl als auch beim Methodeneinsatz stehen Aspekte der Konsumgüterprodukte im Vordergrund. Eine Übertragbarkeit auf die hier betrachteten Investitionsgüter ist insbesondere aus Gründen des Zeitaufwandes für den umfassenden Methodeneinsatz nur eingeschränkt möglich.

Zur situationssensitiven Auswahl von Qualitätsmanagementmethoden für Hersteller komplexer Investitionsgüter erarbeitet WEIDMANN (1996) ein Instrumentarium. Globalziel der Arbeit ist, auf Basis von Qualitätsregelkreisen die richtigen Qualitätsmanagement-Aktivitäten zum richtigen Zeitpunkt innerhalb eines auftragsorientierten Prozeßnetzwerkes einzusetzen. Der Ansatz bezieht sich ausschließlich auf die technischen Planungsfunktionen und vernachlässigt die Realisierungsfunktionen wie Teilefertigung, Montage oder Inbetriebnahme. Eine Verzahnung der unternehmensspezifischen Entwicklungsaufgabe mit den Qualitätsmethoden exisitiert aufgrund der angestrebten Allgemeingültigkeit des Ansatzes nicht.

Im Rahmen des EUREKA-FAMOS Projekts MONQUIS wurde ein montageorientiertes Paket bestehender bzw. neu entwickelter Qualitätsmethoden aufgebaut, mit dem Ziel, planungsunterstützend ein wirtschaftlich montierbares, fehlerfreies Produkt zu erzeugen (WEISE U.A. 1996). Die Anwendbarkeit der Methodensammlung beschränkt sich vorrangig auf die Klein- und Mittelserienmontage. Kernpunkt der Arbeiten war zudem ein Qualitätsinformationssystem, das zur Erfassung und Auswertung von Fehlern sowie zur Sicherung qualitätsrelevanter Informationen wie z.B. Sollwerte und Toleranzen von Einzelteilen dient (HENGEL & VOIGT 1996). Sowohl die Philosophie als auch die Methoden innerhalb MONQUIS zielen auf eine präventive Berücksichtigung der in Kap. 2 konstatierten Qualitätsforderungen und -mängel. Allerdings fehlt die Integration der Methoden in das Vorgehen der Montageplanung und damit eine einfach nachvollziehbare Vorgehensweise für den Montageplaner. Hinweise zu Auswahl und Einsatzzeitpunkt der Qualitätswerkzeuge und zur Abstimmung zwischen allen Projektbeteiligten sind nicht aufgeführt.

Zur Qualitätsplanung in der flexiblen Montage stellt WARNECKE (1996, S. 224) eine Methode vor, bei der auf Basis eines Montagebaums die rein produktbezogene Qualitätsplanung um Montageprozeßbetrachtungen erweitert wird. In einem analog zur FMEA aufgebauten Szenario werden Einflußfaktoren und Einstellwerte der Prozeßparameter mitberücksichtigt und mittels einfacher Ableitungsregeln Ursache-Wirkungsketten zwischen Einflußfaktoren des Prozesses und Qualitätsmerkmalen des Produktes aufgebaut. Mit Hilfe genetischer Algorithmen werden schließlich die Ursachen schwerwiegender Fehler im Montagebaum analysiert. Die Methode vernachlässigt die oft dominant qualitätsbeeinflussenden Nebenprozesse der Montage sowie Qualitätsmerkmale, die auf Komponenteneigenschaften des Montagesystems zurückzuführen sind.

3.4 Fazit und Konsequenzen

Als wesentliches Fazit der Analyse des Stands der Technik sind folgende Hauptdefizite im Entwicklungsablauf von Montagesystemen zu nennen:

- Kein durchgängiger am Kunden orientierter Planungsprozeß, der mit dem Nachweis der Kundenzufriedenheit endet und
- keine vollständige Einbindung der Verfahren des QE in die Methode der Montageplanung zur Steigerung und Sicherung des Qualitätsstandards der Montageanlagen.

Die durchgeführte Analyse konventioneller Methoden der Montageplanung zeigt, daß qualitätsorientierte Maßnahmen, die zu einer frühzeitigen Verbesserung des Qualitätsverhaltens im Betrieb von Montagesystemen führen, bislang nicht die erforderliche Berücksichtigung finden. Hier überwiegen technologische und auf die Investitionskosten orientierte Aspekte, die der zunehmenden Bedeutung der Qualität in der Investitionsgüterindustrie kaum Rechnung tragen.

Die Methoden des QE beinhalten geeignete Teilschritte, die zur Beseitigung der genannten Defizite beitragen können. Allerdings ist die häufig übliche isolierte und eingeschränkte Anwendung einzelner Methoden nicht zielführend. Der IMS-Ansatz verdeutlicht, daß erst die Einbindung der Schrittfolgen in ein geschlossenes Vorgehen die maximale Ausnutzung der Synergieeffekte ermöglicht, die zwischen den einzelnen Werkzeugen sowie den Entwicklungsvorgehen bestehen. Dabei ist jedoch eine kontinuierliche kritische Überprüfung des Methodeneinsatzes und gegebenenfalls eine Einschränkung aus Kosten- und Zeitgründen erforderlich. Derartige ganzheitliche Bestrebungen existieren derzeit nicht bzw. sind nur unzureichend entwickelt und nicht durchgängig umgesetzt.

Auf Basis der durchgeführten Analysen und der sich daraus ergebenden Konsequenzen können nun im folgenden Kapitel Anforderungen an die zu entwickelnde Vorgehensweise spezifiziert werden.

4 Anforderungen an eine qualitätsorientierte Entwicklung von Montagesystemen

4.1 Einführung

Der Montageplaner benötigt für die Komplexitätsbeherrschung des Qualitätsverhaltens von Montagesystemen geeignete Werkzeuge zur kundenorientierten Systementwicklung, die derzeit zwar innerhalb des QE verfügbar sind, aber im Investitionsgüterbau kaum effizient eingesetzt werden. Ein sinnvoller Ansatz zur Lösung dieser Problematik ist die Integration qualitätsorientierter Werkzeuge und Arbeitsschritte in das Vorgehen der Entwicklung von Montagesystemen (im folgenden „qualitätsorientierte Montagesystementwicklung" genannt). Vor dieser Situation sind Anforderungen an die Vorgehensweise zu formulieren. Die Aspekte des Qualitätsmanagements - Kundenorientierung, Produkt- und Prozeßorientierung, Ausrichtung am kompletten Systemlebenszyklus und ständige Verbesserung (REINHART U.A. 1996, S. 15FF) - liefern dazu die Grundlage. Die zu entwickelnde Methode wird durch Anforderungen aus dem Qualitätsmanagement, durch Anforderungen an das Planungsvorgehen sowie durch organisatorische und informationstechnische Anforderungen determiniert, die im folgenden weiter ausgeführt werden.

4.2 Anforderungen aus dem Qualitätsmanagement

Die Kundenorientierung in der qualitätsorientierten Montagesystementwicklung muß neben Termin- und Kostenforderungen durch die **Einbeziehung beliebiger Kundenforderungen** in den Planungsprozeß realisiert werden. Dies bedingt zum einen die Unterstützung zur eindeutigen Artikulation der Anforderung durch den Systembetreiber, zum anderen aber auch die Berücksichtigung nicht vorgebrachter Erwartungen durch den Montageplaner. Entsprechend muß die zu entwickelnde Methode offen für die in Abschnitt 2.2 hergeleiteten sowie für beliebige weitere Anforderungen sein und die Erarbeitung einer Merkmalsliste als Planungsgrundlage vorsehen.

Die Qualität des Produkts „Montagesystem" basiert auf den Säulen „Fehlerfreiheit" und „Systemeigenschaften zur Erfüllung von Kundenbedürfnissen" (JURAN 1993, S. 20). Die Methode muß die Gestaltung beider Säulen, also sowohl **präventive Maßnahmen** zur Fehlervermeidung als auch **kreative Maßnahmen** zur Entwicklung geeigneter Eigenschaften, in ein sinnvolles Vorgehen integrieren.

Der Kunde erwartet in der Folge allerdings nicht eine einmalige, sporadische oder zufällige Erfüllung der Qualität, sondern fordert eine hohe Stabilität des Ergebnisses. Die Gedanken der Stör- und Steuergrößen sowie der **Streuungsreduzierung** sind folglich im Entwicklungsvorgehen zu verankern.

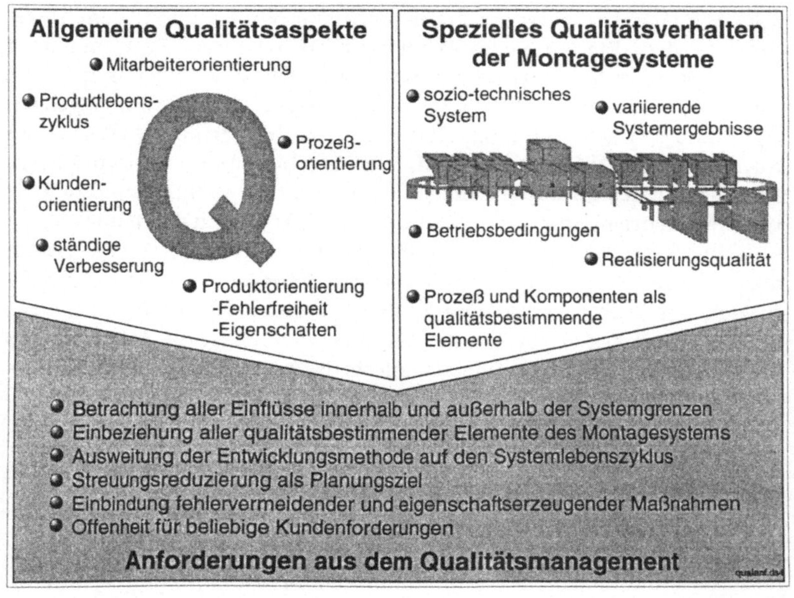

Bild 4.1: Anforderungen, die aus dem Qualitätsverhalten der Montagesysteme und allgemeinen Qualitätsaspekten resultieren.

Die Qualität wird weiterhin durch zahlreiche Elemente und Faktoren innerhalb und außerhalb des sozio-technischen Montagesystems beeinflußt. Hinzu kommt, daß nicht nur die Einzelwirkungen der Elemente für das Ergebnis ausschlaggebend sind, sondern insbesondere auch deren Wechselwirkung. Hieraus resultiert die Anforderung, nach einer frühzeitigen und umfassenden **Betrachtung des Einflußspektrums**

und der qualitätsbestimmenden Elemente. Bild 4.1 zeigt die wesentlichen Anforderungen.

Entsprechend der Forderung nach einer methodischen Begleitung des gesamten Systemlebenszyklus sind für die unterschiedlichen Lebensphasen geeignete Ansatzpunkte zur Verbesserung der Systemqualität zu entwickeln. Dies bezieht sowohl die Realisierungs- als auch die Nutzungsphase mit ein.

4.3 Anforderungen an das planerische Vorgehen

Die qualitätsorientierte Entwicklungsmethode benötigt als wesentliche Voraussetzung einen **Ablaufplan**, der die zeitliche und inhaltliche Abstimmung aller an der Planung beteiligten Instanzen unterstützt. Dieses Vorgehen sollte sich in seiner Grundkonzeption an grundlegenden Planungsmethoden (s. Abschnitt 3.2.1) bzw. darauf aufbauenden Abläufen zur simultanen Entwicklung von Produkt und Produktionsanlage orientieren, um auch in Montageplanungsprojekten mit hohem Abstimmungsaufwand zwischen den Projektbeteiligten zu unterstützen. Zur einfachen Umsetzung des Ablaufplans ist ein durchgängiges Instrumentarium für die Anwendung in beliebigen Entwicklungsprozessen automatisierter Montagesysteme zu konzipieren.

Der Ablauf muß weiterhin die Erfüllung der kundenspezifischen Qualitätsziele sicherstellen, dabei aber sowohl Methodeneinsatz als auch Entwicklungsaufwand von der Art der Problemstellung abhängig machen. Ziel muß sein, kostenintensive Änderungen oder Iterationen im Vorgehen bis zum Betrieb der Anlage durch einen situationsangepaßten Aufwand zu vermeiden. Dies erfordert im einzelnen die Beachtung folgender Punkte:

- Frühzeitige, kooperative Ermittlung der Anforderungen und Randbedingungen durch Systemhersteller und Systembetreiber und Ableiten potentieller Planungsschwierigkeiten zu Projektbeginn,
- Einsatz geeigneter Werkzeuge in Abhängigkeit der individuellen Planungsschwierigkeit für die vom Kunden vorgegebenen Anforderungen sowie aus der Problemstellung resultierender Teilaufgaben,
- kontinuierliche Zielverfolgung und Bewertung der Anforderungserfüllung anhand der vorgegebenen Qualitätskenngrößen über den gesamten Systemlebenszyklus sowie eine
- methodische Unterstützung und Verantwortung des Planers bis zum robusten und fähigen Betrieb des Montagesystems.

Aufgrund der Vielfalt von Anforderungen und der Variabilität von Betriebsbedingungen ist ein **methodisches Vorgehen** notwendig, das die Aspekte der präventiven Fehlervermeidung und die Ausrichtung der Planungsaktivitäten auf die geforderten Qualitätsmerkmalen mit den funktionalen Aufgaben der Montageplanung verzahnt. Damit sollen Planungsgenauigkeit und -sicherheit bei der Erreichung der geforderten Fähigkeit erhöht werden. Anforderungen bezüglich einer zeit- und kostenoptimalen Entwicklung müssen ebenfalls berücksichtigt werden.

4.4 Organisatorische Anforderungen

Die Analysen in Kapitel 2 haben gezeigt, daß es für die Erzielung eines optimalen Planungsergebnisses erforderlich ist, alle am Montagesystem beteiligten Bereiche durch **organisatorische Maßnahmen** in den Planungsprozeß zu integrieren. Daraus lassen sich folgende Anforderungen ableiten, die auch auf qualitätsförderliche Organisationsstrukturen oder Organisationsformen innerhalb des Simultaneous Engineering zutreffen (REINHART U.A. 1996, S. 251; SCHUSTER 1992, S. 38):

- Eine von allen Beteiligten erarbeitete und akzeptierte Zielvereinbarung als Grundlage der Teamarbeit,
- Abwicklung der Projektaufgabe in interdisziplinären Projektteams unter Beteiligung der betroffenen Instanzen von Systemhersteller, Komponentenzulieferer und Systembetreiber,
- Einsetzen eines souveränen Projektleiters mit Kompetenzen auf dem Gebiet des Projekt- und Qualitätsmanagements zur Koordination des Projektteams und der Projektteilaufgaben,
- Befugnis des Teams, Projektteilaufgaben zu delegieren und deren zielkonforme Bearbeitung durchzusetzen.

Zur Berücksichtigung der Qualitätsorientierung im Entwicklungsprozeß muß die Einbringung von **Methodenwissen** gefordert werden. Dazu sollte unabhängig vom Einsatz der qualitätsorientierten Entwicklungsmethode durch Schulungen geeignet qualifiziertes Personal sowohl in den Projektteams als auch in den Unternehmen zur Verfügung stehen.

Neben der Methodenkompetenz ist **qualitätsorientiertes Fachwissen im Bereich der Montage** unabdingbar. Auch hier müssen geeignete Instanzen geschaffen werden, die qualitätsrelevantes Montage-Know-How erarbeiten, innovative Strömungen bei Prozessen und Betriebsmittel verfolgen, konservieren und entsprechend in Projekten einbringen. Grundsätzlich ist hier jedoch im Sinne einer straffen Unternehmensorganisation der Personal- und Verwaltungsaufwand zu minimieren.

4.5 Informationstechnische Anforderungen

Bereits in Abschnitt 3.2.2 konnte die Informationsfülle in der Montageplanung verdeutlicht werden. Zur Bewältigung der Datenmenge bei der zusätzlichen Berücksichtigung von qualitätsrelevanten Informationen und damit zur Entlastung des Planers von Aufgaben der Informationsbeschaffung oder bei Problemen durch inkonsistente bzw. redundante Daten ist eine durchgängige **informationstechnische Abbildung der Entwicklungsmethode** notwendig. Dabei bestimmen im wesentlichen die Aspekte der Datenstrukturierung, der Systemfunktionen sowie Benutzeraspekte die Anforderungen:

- Durchgängiges, für alle Aktivitäten der Methode nutzbares Datenschema,
- Dokumentation und Informationssicherung mit problemorientierten Strukturen und Attributen zur einfachen Wiederverwendung von bereits erzeugten Montage- oder Qualitätsinformationen,
- methodenorientierte Funktionen zur Beeinflussung der Datengranularität (Verdichten, Filtern, usw.) und
- auf den Einsatz in allen Planungsphasen angepaßte Rechnerstruktur (Dezentralisierung, verteilte Bearbeitung, Mobilität).

Allgemein sind die Bereitstellung von Rechnerhilfsmitteln in den betroffenen Bereichen und die Abstimmung der Datenstrukturen mit vorhandenen Produkt- oder Prozeßmodellen zu fordern.

5 Methode zur qualitätsorientierten Montagesystementwicklung

5.1 Einführung

In den Kapiteln 1 bis 4 wurde die Problemstellung und Ist-Situation diskutiert und schließlich die Notwendigkeit einer Entwicklungsmethode herausgearbeitet, die die Qualitätsforderungen des Systembetreibers in den Vordergrund stellt. Für die Methode konnten Anforderungen formuliert werden. In diesem Kapitel erfolgt die Grundkonzeption der Methode (Abschnitt 5.2) und die Erläuterung der einzelnen Methodenelemente. Abschnitt 5.3 beschreibt die Arbeitsschritte innerhalb der Phasen der qualitätsorientierten Montagesystementwicklung, wobei der Schwerpunkt auf der Adaption der QE-Werkzeuge auf montagespezifische Aspekte sowie auf der Bewertung und Berechnung von Qualitätsmerkmalen liegt. Abschnitt 5.4 faßt das Kapitel zusammen.

5.2 Grundkonzept

5.2.1 Zielsetzung und Lösungsansatz

Entwicklungsziel ist ein sozio-technisches Montagesystem, das unter den vorherrschenden Betriebsbedingungen vorgegebene Anforderungen bei der Montage eines Produktes stabil erfüllt. Zur klaren Formulierung dieses Ziels wird in Anlehnung an die Prozeßfähigkeit (siehe z.B. MOHR 1991, S. 60; JURAN 1993, S. 274) die Fähigkeit von Montagesystemen eingeführt:

Die Fähigkeit eines Montagesystems beschreibt die reproduzierbare Erfüllung vorgegebener Qualitätsmerkmale.

Das **Planungsziel der qualitätsorientierten Montagesystementwicklung ist** damit **die Gestaltung eines fähigen Montagesystems**. Teilziel ist weiterhin, die Effizienz beim Einsatz von Qualitätsmethoden durch eine Standardisierung und Integration der Teilaufgaben und durch eine Beschränkung der Anwendung auf wesentliche Problemelemente zu erhöhen.

Die Methode dient entsprechend der in Kapitel 1 formulierten Ausgangssituation der Steigerung der Wettbewerbsfähigkeit von Montagesystemherstellern, die als Auftragnehmer komplexe Systeme zur Montage verschiedener kleinvolumiger Produkte für einen Systembetreiber projektieren. **Haupteinsatzgebiet** der Methode ist die Neuentwicklung vollautomatisierter, eingeschränkt flexibler Montageautomaten, deren Komplexität insbesondere aus einer hohen Leistungsausbeute und den daraus konkret ableitbaren Anforderungen an Prozesse und Betriebsmitteln resultiert.

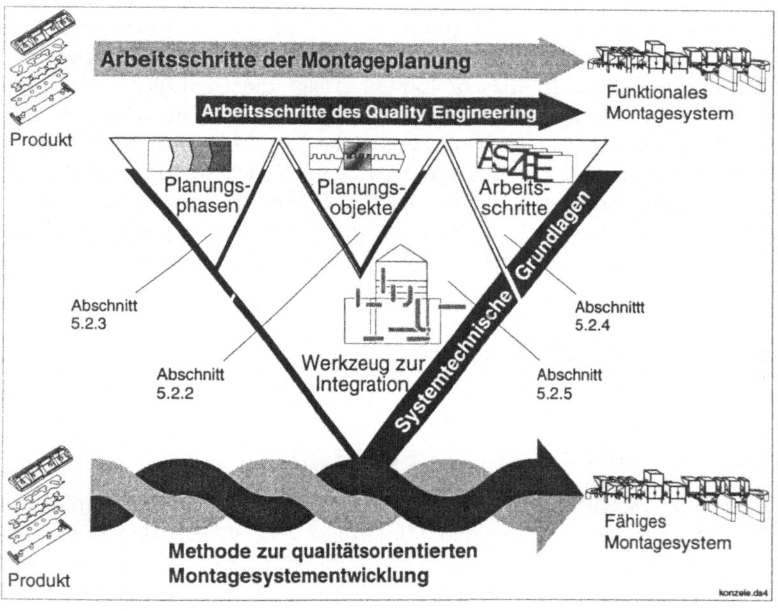

Bild 5.1: Von der funktionalen zur fähigen Gestaltung des Montagesystems - Die Bausteine der qualitätsorientierten Entwicklungsmethode.

Die umfassende Betrachtung aller Qualitätsaspekte führt bereits bei einfachen Montageprodukten zu einem hohen Planungsaufwand. Das Bestreben bei der Konzeption der Planungsmethode muß daher der Beherrschung und Reduzierung der Komplexität der Problemstellung gelten. Einen geeigneten **Lösungsansatz** hierzu bietet die Systemtechnik (DAENZER 1994). Das Methodengebäude ist als eine generell anwendbare Vorgehenssystematik für Probleme mit hoher Komplexität zu verstehen, das sich aus vier Komponenten zusammensetzt:

- **Vom Groben zum Detail:** Die systematische Zerlegung eines Systems in seine Teilsysteme.
- **Prinzip der Variantenbildung:** Bewußte Suche nach Lösungsalternativen bereits in den frühen Phasen.
- **Phasenweises Vorgehen:** Stufenweiser Planungsablauf mit vordefinierten Entscheidungs- und Korrekturpunkten.
- **Problemlösungszyklus:** Anwendungsneutrale Vorgehensweise zur Lösung von Problemen.

Der Ansatz der hierarchischen Strukturierung ermöglicht eine Bearbeitung überschaubarer Problemkreise, für die systematisch Lösungsalternativen gesucht werden. Unter Berücksichtigung der verbindenden Relationen läßt sich aus den Systemelementen eine Einheit bilden und die Wirkung der Alternativen bzw. äußerer Einflüsse auf das Gesamtergebnis in verschiedenen Betrachtungsebenen beurteilen. Bewertungsgrundlage sind Anforderungen an das Montagesystem, die in allen Phasen der Problembearbeitung transparent sein müssen.

Auf Basis dieses systemtechnischen Lösungsansatzes werden in den nachstehenden Abschnitten die Elemente der qualitätsorientierten Entwicklungsmethode erläutert. Die Elemente der Methode und die Zuordnung zu den folgenden Abschnitten zeigt Bild 5.1.

5.2.2 Planungsobjekte

Die Definition von Planungsobjekten verfolgt das Ziel, einheitliche Betrachtungselemente unter Berücksichtigung montage- und qualitätsorientierter Gesichtspunkte zu schaffen. Damit wird der Anforderung nach einer frühzeitigen, integrativen Betrachtung aller qualitätsbestimmender Elemente im gesamten Systemlebenszyklus entsprochen.

Im Rahmen dieser Arbeit wird das **Montagemodul** als

Betrachtungseinheit eines Montagesystems, bestehend aus allen zur Realisierung einer Montageaufgabe notwendigen Elementen

definiert. Das Montagemodul ist als **Prozeß** im allgemeinen Sinne zu verstehen, wie er in der DIN-NORM EN ISO 8402 (1994) als ein „Satz von in Wechselbeziehung stehenden Mitteln und Tätigkeiten, die Eingaben in Ergebnisse umgestalten“ beschrieben wird. Damit können die Prinzipien der Prozeßorientierung im Qualitätsmanagement, als Voraussetzung zur Integration der QE-Werkzeuge, übertragen werden. Zur Vermeidung von begrifflichen Unklarheiten in Bezug auf den technologischen Montageprozeß als ein wesentliches qualitätsbestimmendes Element der Montagesysteme (s. Abschn. 2.2.1) wird in dieser Arbeit von Montagemodul gesprochen.

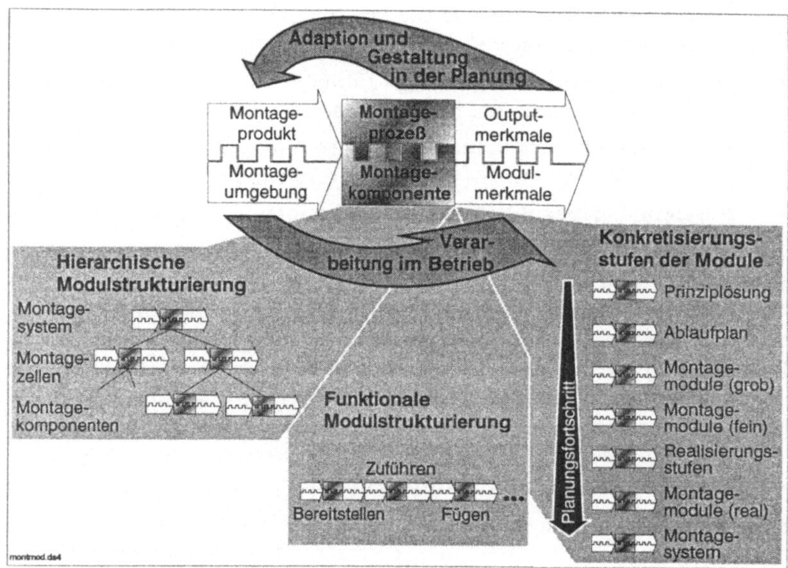

Bild 5.2: Die Planungsobjekte und Betrachtungsweisen in der qualitätsorientierten Montagesystementwicklung.

Sechs Elemente innerhalb bzw. im Umfeld des Montagemoduls stellen die zentralen **Planungsobjekte** der qualitätsorientierten Montagesystementwicklung dar. Im Rahmen der Planung erfolgt die Adaption und Gestaltung der technischen Systemelemente des Montagemoduls (**Montageprozeß**, **Montagekomponente**) auf die Betriebsbedingungen (**Montageprodukt**, **Montageumgebung**). Im Betrieb des Montagesystems werden gemäß der Prozeßdefinition die Eingangsgrößen zu Ausgangsgrößen verarbeitet (s. Bild 5.2). Alle Aktivitäten in Planung und Betrieb orientieren sich an den Qualitätsmerkmalen, die sowohl die Produkte (**Outputmerkmale**) als auch das technische System selbst (**Modulmerkmale**) betreffen.

Entsprechend dem systemtechnischen Ansatz können Montagemodule in Subsysteme strukturiert werden. Höchster Abstraktionsgrad der **hierarchischen Modulstruktur** ist das Montagesystem, das aus beliebigen Teilmodulen (Zellen, Komponenten) aggregiert wird. Die **funktionale Modulstruktur** entspricht dem in Abschnitt 2.3.1 dargestellten Montageablauf entsprechend der logischen Prozeßkette eines Produktes oder einer Baugruppe. Die Ausgangsgrößen eines Moduls werden bei dieser Betrachtungsweise zu Eingangsgrößen der nachgeschalteten Module. Als dritte Sichtweise erfolgt die Strukturierung der Module in unterschiedliche **Konkretisierungsstufen**. Diese Stufen werden innerhalb der Phasen der qualitätsorientierten Montagesystementwicklung durchlaufen.

5.2.3 Entwicklungsphasen

Um der Forderung nach einer vollständigen Einbeziehung des Systemlebenszyklus zu entsprechen, wird der Ablauf der Entwicklungsmethode in 4 Phasen gemäß Bild 5.3 gegliedert.

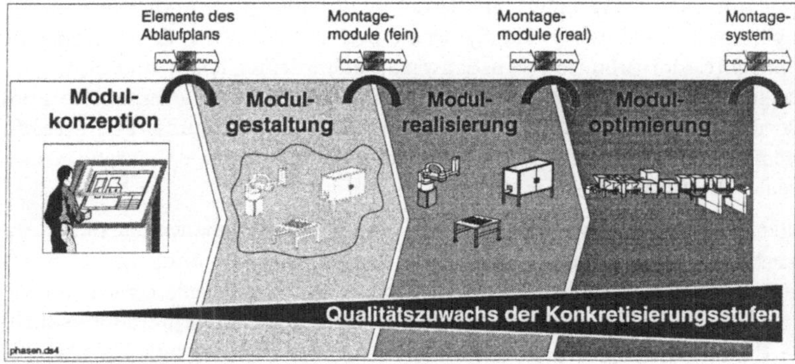

Bild 5.3: Die Phasen der qualitätsorientierten Montagesystementwicklung.

Im Rahmen der **Modulkonzeption** erfolgt die grundlegende Gestaltung des Montagesystems. Voraussetzung für diese Phase ist die Projektdefinition des Entwicklungsvorhabens (Lastenheft, Montageprodukt)[26]. Ergebnis ist ein im Hinblick auf die Erfüllung der Kundenforderungen optimaler Ablaufplan. Weiterhin sind Entwicklungsschwerpunkte definiert und erste Maßnahmen zur Sicherstellung der Fähigkeit erarbeitet.

Während der **Modulgestaltung**[27] erfolgt die Synthese und Analyse des Montagesystems ausgehend vom Ablaufplan über eine grobe Modulstruktur bis hin zur Ausarbeitung und Detaillierung der Betriebsmittel und der Durchführung erster Tests an Prototypen. Ergebnis sind

---

26 Die Modulkonzeption beginnt dementsprechend in der Phase der Pflichtenhefterstellung gemäß den Lebensphasen eines Montagesystems in Bild 1.2.

27 Nach EHRLENSPIEL (1995) ist das Gestalten das Festlegen der Form und der Abmessungen eines technischen Gebildes und damit die umfangreichste Tätigkeit des Kontruierens. Nach dieser Phase sind die wesentlichen Anforderungen und Eigenschaften für die in der Modulkonzeption erarbeiteten prinzipiellen Lösung festgelegt (EHRLENSPIEL 1995, S. 213, S. 378).

vollständig determinierte Montagemodule zur Erfüllung der Anforderungen, die in der Realisierungsphase umgesetzt werden.

Die **Modulrealisierung** umfaßt die Planung und Festlegung der Realisierungsschritte wie z.B. die Auslösung von Beschaffungsmaßnahmen, die Erstellung der Fertigungsaufträge für den Betriebsmittelbau oder die Planung der Inbetrieb- und Abnahme. Nach der funktionsfähigen Realisierung erster Teilmodule werden Testläufe zur Überprüfung der Fähigkeit der ausgewählten Entwicklungschwerpunkte durchgeführt. Ergebnis dieser Phase sind reale Teilmodule.

Den Abschluß bildet die **Moduloptimierung**, in der die Teilmodule zum Gesamtsystem aggregiert, in Betrieb genommen und optimiert werden. Systematische Tests beim Systemhersteller bzw. -betreiber sollen eine effiziente Identifikation von Schwachstellen ermöglichen und zum Aufzeigen der Anforderungserfüllung gemäß Pflichtenheft führen. Die Phase endet mit dem Ablauf des Gewährleistungszeitraums, überstreicht demzufolge einen abgegrenzten Zeitraum des Anlagenbetriebs unter realen Betriebsbedingungen.

Jede Entwicklungsphase ist durch einen **Qualitätszuwachs der Konkretisierungsstufen** des Montagemoduls gekennzeichnet. Der Phasenübergang eines Moduls hängt individuell von der jeweils erreichten Fähigkeit ab. Ziel ist es, aufwendige phasenübergreifende Iterationsschritte durch eine systematische Beurteilung der Planungsobjekte und ein frühzeitiges Einleiten von Verbesserungsmaßnahmen zu vermeiden. Vor jedem Phasenübergang sind dementsprechend Arbeitsschritte zur Entscheidungsaufbereitung und -durchführung notwendig.

5.2.4 Arbeitsschritte der Entwicklungsmethode

5.2.4.1 Grundlegende Arbeitsschritte

Die Aktivitäten innerhalb der erläuterten Entwicklungsphasen stellen einen Ablauf der Problemlösung dar, der in Abhängigkeit der jeweils vorliegenden Planungssituation aus **grundlegenden Arbeitsschritten** kombiniert wird. Als Problem wird nach DÄNZER (1994, S. 18) die Differenz zwischen Anfangs- und Endzustand verstanden, wobei die unmittelbare Überführung durch eine Schwierigkeit behindert wird. Im übertragenen Sinne besteht das Problem der qualitätsorientierten Montagesystementwicklung in der Differenz zwischen Soll- und Istwert eines Qualitätsmerkmals.

Der Montageplaner[28] hat die Aufgabe, die ursächlichen Schwierigkeiten zu identifizieren, zu bewerten, Aktivitäten zur Sicherstellung der Fähigkeit zu planen, hinsichtlich ihrer Wirksamkeit zu beurteilen und die Durchführung zu veranlassen. Diese Aufgaben werden mit den Arbeitsschritten **Analysieren, Synthetisieren, Zuordnen, Bewerten** und **Entscheiden** abgewickelt (s. Bild 5.4).

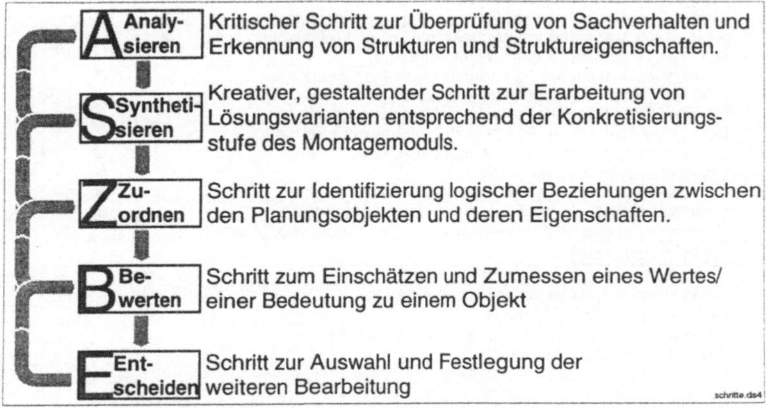

Bild 5.4: Grundlegende Arbeitsschritte.

Das **Analysieren** ist der kritische Schritt innerhalb des Planungsvorgehens, in dem Sachverhalte geprüft werden, inwieweit sie den Anforderungen entsprechen oder ob wesentliche Schwachstellen vorliegen. Weiterhin dient er dem Erkennen von Strukturen und Struktureigenschaften.

Das **Synthetisieren** faßt die gestaltenden, kreativen Schritte innerhalb der qualitätsorientierten Montagesystementwicklung zusammen. Zweck ist die Erarbeitung von Lösungsvarianten, die der Konkretisierungsstufe der jeweiligen Entwicklungsphase entsprechen.

Das **Zuordnen** verfolgt die Identifizierung logischer Beziehungen zwischen einzelnen Planungsobjekten und deren Eigenschaften, um sowohl Stärke als auch Richtung einer Beeinflussung zu ermitteln.

---

[28] Der Begriff „Montageplaner" steht in diesem Kapitel stellvertretend für eine organisatorische Einheit, die den Entwicklungsprozeß komplexer Systeme begleitet. Eine genaue Erläuterung dieser Einheit erfolgt in Abschnitt 6.2 „Organisatorische Einbindung beim Systemhersteller".

Liste aller Arbeitsschritte

A: Analyse von Produkt und Randbedingungen
B: Grob- und Feinplanung des Montageablaufs
C: Detaillierung der Betriebsmittel
D: Lösungsbewertung und Auswahl

1: SPC
2: DoE
3: FMEA
4: QFD

	A	B	C	D	1	2	3	4
Analysieren								
Formulierung der Merkmale und Gewichtung	●							●
Formulierung von Zielvorgaben auf Systemebene	●							●
Analyse von Merkmalskorrelationen						●		●
Strukturierung des Produkts	●						●	
Analyse der notwendigen Montagefunktionen	●							
Analyse der Betriebsbedingungen	●							
Analyse der Varianten und Verbesserung der Prinziplösung	●							
Analyse der Varianten und Verbesserung des Ablaufplans	●							
Herleitung von Zielvorgaben auf Modulebene		●						●
Qualitative Analyse der Fähigkeit der Montagemodule				●			●	
Test und Optimierung virtueller Montagemodule				●		●		
Herleitung der Spezifikationen für d. Realisierungsschritte								
Qualitative Analyse der Fähigkeit der Realisierungsschritte				●			●	
Test und Optimierung realer Montagemodule				●		●		
Überprüfung der Merkmalserfüllung				●				●
Quantitative Analyse der Fähigkeit des Gesamtsystems				●	●			
Quantitative Analyse der Fähigkeit in realer Umgebung				●	●			
Überwachung des Systems während der Gewährleistungsphase					●			
Synthetisieren								
Entwicklung unterschiedlicher Prinziplösungen		●						
Entwicklung unterschiedlicher Ablaufpläne		●						
Definition von Montagemoduln		●					●	
Konstruktion und Detaillierung der Montagemodule		●						
Definition der Realisierungsschritte			●				●	
Durchführung der Modulrealisierung			●					
Aufbau und Inbetriebnahme des Gesamtsystems			●					
Optimierung, Abbau und Wiederinbetriebnahme b. Systembetreiber			●					
Zuordnen								
Zuordnung der Merkmale zu den Montagemoduln								●
Bewerten								
Bewertung der techn. Schwierigkeit bei d. Umsetzung d. Merkmale								●
Bewertung der Prinziplösungen				●				●
Bewertung der Ablaufvarianten				●				●
Bewertung der techn. Schwierigkeit bei d. Umsetzung d. Module								●
Bewertung der Fähigkeit der virtuellen Montagemodule				●				●
Bewertung der Fähigkeit der realisierten Montagemodule				●				●
Entscheiden								
Setzen von Entwicklungsschwerpunkten bzgl. Merkmalen							●	●
Auswahl der Prinziplösung		●						
Auswahl des Ablaufplans		●						
Setzen von Entwicklungsschwerpunkten bzgl. Montagemodule							●	●
Festlegen der Maßnahmen für die Realisierungsphase							●	
Setzen von Realisierungsschwerpunkten							●	●
Festlegen der Maßnahmen für die Optimierung					●	●	●	

Bild 5.5: *Eine Zusammenstellung aller Arbeitsschritte im Entwicklungsvorgehen und Zuordnung zu den Quellen der Montageplanungsbereiche und der QE-Werkzeuge.*

Das **Bewerten** dient dem Einschätzen und Zumessen eines Wertes/einer Bedeutung zu einem Objekt unter Bezugnahme auf ein Wertesystem mit definierten Bewertungskriterien. Zu unterscheiden sind dabei die Gewichtung, also die Abbildung der relativen Bedeutung der

Objekte zueinander und die Präferenzierung zur Auswahl eines am besten geeigneten Objekts aus mehreren Alternativen.

Zweck des **Entscheidens** ist es, aufbauend auf den vorangegangenen Ergebnissen, die weiter zu bearbeitende Lösungsvariante sowie die Art der Bearbeitung auszuwählen.

In Abschnitt 3.2.1 und 3.3.2 wurden Arbeitsschritte und Vorgehensweisen in der Montageplanung sowie im Quality Engineering vorgestellt. Dabei wurden Arbeitsschritte erkannt, die identische Eingangsinformationen erfordern, ähnliche Ausgangsinformationen erzeugen und folglich redundante Aktivitäten darstellen. Eine **aufwandsminimale Integration** der Werkzeuge des Quality Engineering in die Montagesystementwicklung muß also durch die Formulierung gemeinsamer Arbeitsschritte erfolgen. Einen vollständigen Überblick aller identifizierten Arbeitsschritte der qualitätsorientierten Montagesystementwicklung zeigt Bild 5.5. In der rechten Bildhälfte ist die Zuordnung der Arbeitsschritte zu den Planungsbereichen der Montageplanung (s. Kapitel 3.2) sowie den Werkzeugen des Quality Engineerings (s. Kapitel 3.3) dargestellt. Die Aufstellung verdeutlicht die ursprüngliche Redundanz einiger Arbeitsschritte (mind. 2 Punkte in einer Zeile; z.B. „Analyse von Merkmalskorrelationen" oder „Strukturierung des Produkts").

Aus Sicht der Montageplanung sind dabei die Syntheseschritte entscheidend, da sie die Konkretisierungsstufen der Montagemodule festlegen. Die Syntheseschritte stellen folglich die Anknüpfung zur konventionellen Montageplanung dar, die jedoch zur fähigen Gestaltung der Montagesysteme entsprechend vor- und nachbereitet werden müssen.

Im Rahmen der Integrationswerkzeuge (siehe Abschnitt 5.2.5) werden die identifizierten Arbeitsschritte zeitlich und logisch kombiniert, woraus sich ein stringentes Vorgehenskonzept zur qualitätsorientierten Montagesystementwicklung ableiten läßt.

5.2.4.2 Feste Schrittfolgen zur Fähigkeitsanalyse

Feste Schrittfolgen werden für diejenigen Arbeitsschritte definiert, die mit Hilfe der Werkzeug FMEA, DoE und SPC/SSC[29] planungsbegleitend die aktuelle Fähigkeit der Montagesysteme ermitteln und gegebenenfalls verbessern. Im Rahmen des Gesamtablaufs erfolgt die Anwendung der Werkzeuge wiederkehrend

- mit unterschiedlichen Planungsobjekten

---

[29] In Abschnitt 5.7 wird die statistische Systemregelung (SSC) beschrieben, die in ihrer Vorgehensweise mit der SPC identisch ist.

- auf unterschiedlichen Konkretisierungsstufen
- mit unterschiedlichen Qualitätsmerkmalen.

Bild 5.6 zeigt die festen Schrittfolgen. Die Initiierung einer Schrittfolge für eine beliebige Konkretisierungsstufe im Rahmen eines Arbeitsschrittes bedingt den vollständigen Durchlauf. Nur so kann der erforderliche Qualitätszuwachs des Planungsobjekts effizient sichergestellt werden.

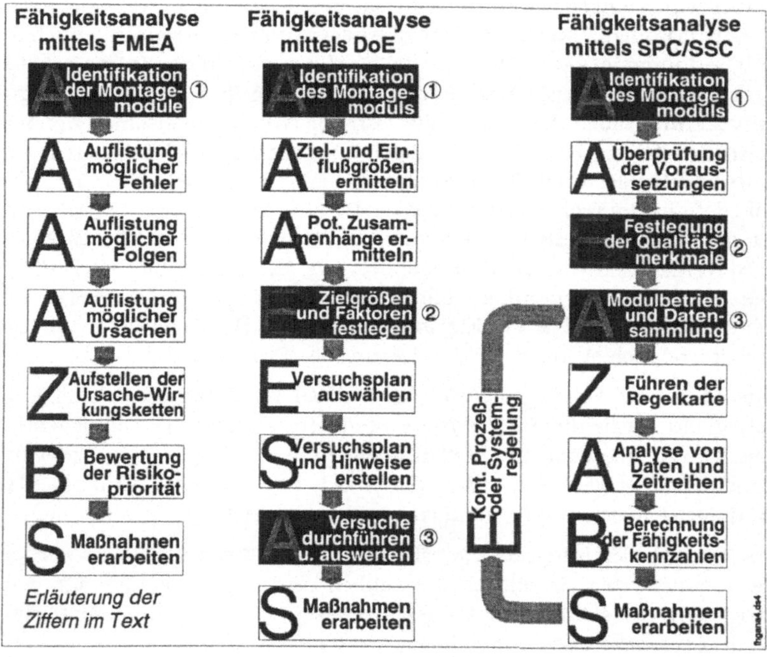

Bild 5.6: Feste Schrittfolgen für spezielle Analyseschritte der Fähigkeit.

Die Nummern im Bild kennzeichnen diejenigen Teilarbeitsschritte, die in Abhängigkeit des Einsatzzeitpunktes mit unterschiedlichen Ergebnissen vorangegangener Arbeitsschritten belegt werden. In den **Teilarbeitsschritten** ① variieren die zu betrachtenden Montagemodule (Auswahl nach ihrer spezifischen Kritizität). In den **Teilarbeitsschritten** ② werden ausgewählte Merkmale (Auswahl nach Kritizität und/oder Anwendergewichtung) eingesetzt. In den **Teilarbeitsschritten** ③ variiert die Konkretisierungsstufe des Planungsobjekts und damit der Gegenstand der Analyse.

Auf eine detaillierte Beschreibung der Einzelschritte wird hier verzichtet, da sie sich im wesentlichen an das im Stand der Technik beschriebenen Vorgehen anlehnen. Eine Adaption an spezielle Gegebenheiten und Voraussetzungen erfolgt in dieser Arbeit im Rahmen dreier Exkurse (S. 99, S. 113 und S. 119) in den betroffenen Arbeitsschritten innerhalb der vollständigen Beschreibung der Vorgehensweise.

5.2.5 Integration der Methodenelemente

Für die Anwendbarkeit der Elemente ist die Integration in ein planungsunterstützendes Werkzeug erforderlich. Als Anforderungen an das Werkzeug werden aus den allgemeinen Anforderungen in Kapitel 4 abgeleitet:

- Leitfaden zur systematischen Bearbeitung der Arbeitsschritte.
- Ermöglichen einer permanenten Überprüfung der Fähigkeit als Voraussetzung für einen Phasenübergang der Konkretisierungsstufen der Montagemodule.
- Durchgängige Dokumentation der Informationen im Planungsprozeß.

Als Werkzeug zur Erfüllung dieser Anforderungen wird der **META-Plan** (**M**atrix zur **E**n**t**scheidungsfindung und **A**uswahl in der Montage**pla**-**n**ung) vorgeschlagen[30]. Eine Matrix ist ein Konstrukt, das die Verknüpfung zweier Listen ermöglicht und Beziehungen zwischen den Ausprägungen zweier Betrachtungsweisen abbildet. Vorteile liegen in der Übersichtlichkeit und einfachen Darstellbarkeit von Beziehungen sowie der Möglichkeit zur Integration unterschiedlicher Aspekte (KAMISKE 1996, S. 49). Bild 5.7 zeigt die Felder des META-Plans.

Entsprechend den Konkretisierungsstufen der Planungsobjekte werden sieben META-Pläne und ein META-Plan zur Bearbeitung der Qualitätsmerkmale differenziert. Die META-Pläne und die Zuordnung zu den erläuterten Phasen der qualitätsorientierten Montagesystementwicklung zeigt Bild 5.8.

Im Planungsprozeß werden die unterschiedlichen **META-Pläne der Konkretisierungsstufen** schrittweise bearbeitet. Jede Konkretisierungsstufe wird vor der Bearbeitung der nächsten Stufe hinsichtlich ihrer Erfüllung der Kundenforderung (Fähigkeit) in Bezug auf den META-Plan der Qualitätsmerkmale beurteilt. Im Gegensatz zu den

---

[30] Im Gegensatz zu der aus der Kreativitätstheorie bekannten Metaplantechnik steht der hier verwendete Begriff als Abkürzung des oben aufgeführten Ausdrucks. Eine inhaltliche Überschneidung der beiden Methoden besteht nicht, was durch die unterschiedliche Schreibweise zum Ausdruck kommen soll.

klassischen „Houses of Quality“ des QFD werden dabei die Merkmale allerdings nicht phasenweise „übersetzt“, d.h. für die jeweilige Konkretisierungsstufe individuell abgeleitet. Innerhalb des *META-Plans Qualitätsmerkmale* sind die Merkmale je nach den gerade zu bearbeitenden Konkretisierungsstufen hierarchisch zu detaillieren und lassen sich damit im gesamten Entwicklungsablauf auf die Hauptforderung des Systembetreibers zurückführen. Damit ist die Fähigkeit des Montagesystems dem Montageplaner in allen Phasen transparent, ein „Rückübersetzen“ über mehrere Pläne hinweg bis zu den elementaren Kundenforderungen entfällt.

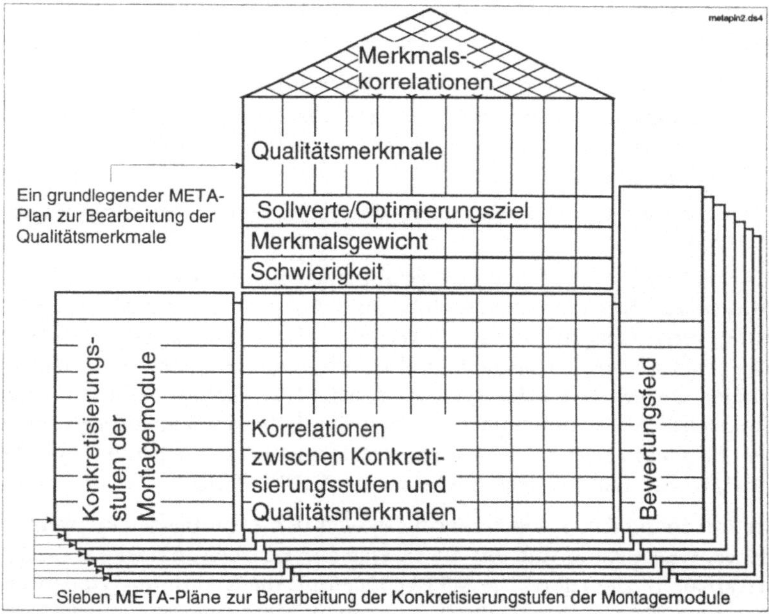

Bild 5.7: Der META-Plan als Instrument der qualitätsorientierten Montagesystementwicklung.

Im nachstehenden Abschnitt erfolgt die Beschreibung der Arbeitsschritte sowie deren Anordnung und Integration in die unterschiedlichen META-Pläne. Die Beschreibung ist als projektneutraler, vollständiger Ablauf der qualitätsorientierten Montagesystementwicklung zu verstehen, der an unterschiedliche Entwicklungsprojekte angepaßt werden kann.

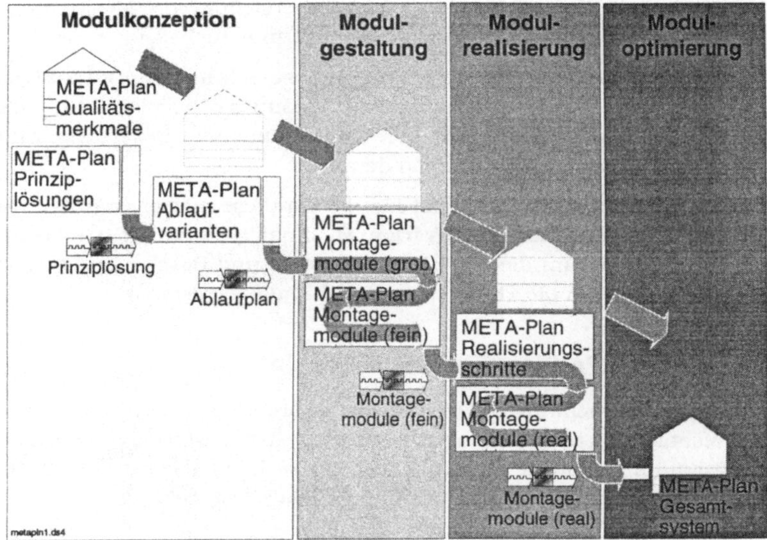

Bild 5.8: *Die META-Pläne der Konkretisierungsstufen in den Entwicklungsphasen.*

5.3 Vollständige Beschreibung der Vorgehensweise

5.3.1 Modulkonzeption

5.3.1.1 Inhalt der Modulkonzeption

Inhalt der Modulkonzeption ist, ausgehend von der Analyse des Lastenhefts sowie der Produktdaten die grundlegende Form des Montagesystems zu erarbeiten. Hierzu wird durch den *META-Plan Qualitätsmerkmale* die Bewertungsbasis entwickelt und die Auswahl des optimalen Montageablaufs durch die META-Pläne Prinziplösungen und Ablaufvarianten unterstützt.

Zentraler Bestandteil des **META-Plans Qualitätsmerkmale** ist der Merkmalsbaum. Jedem Merkmal werden Sollwerte, Gewichtung und Schwierigkeiten bei der Umsetzung zugeordnet. Ergebnis sind Entwicklungsschwerpunkte bzgl. Merkmale, zugeordnete Test- und Prüfmethoden sowie potentielle Maßnahmen zur Sicherstellung der Merkmalserfüllung, die im weiteren Entwicklungsprozeß zu berücksichtigen sind.

Nach der Produktanalyse erfolgt im Synthese-Schritt des **META-Plans Prinziplösungen** die Erarbeitung von Lösungsalternativen für das Montageproblem. Mittels einer merkmalsorientierten Bewertung wird eine Prinziplösung ausgewählt und detailliert.

Diese Beschreibung ist der Input für die Synthese möglicher Ablaufvarianten im **META-Plan Ablaufvarianten**. Analog zu den Prinziplösungen erfolgt wiederum die Bewertung, Auswahl und Beschreibung eines Ablaufplans, der in die Phase Modulgestaltung überwechselt.

5.3.1.2 META-Plan Qualitätsmerkmale

Ziel dieser Entwicklungsstufe ist es, die geforderten Qualitätsmerkmale des Montagesystems systematisch zu analysieren und damit die Planungsgrundlage für die Projektbearbeitung zu legen. Die Arbeitsschritte und Dokumentation innerhalb des META-Plans zeigt Bild 5.9.

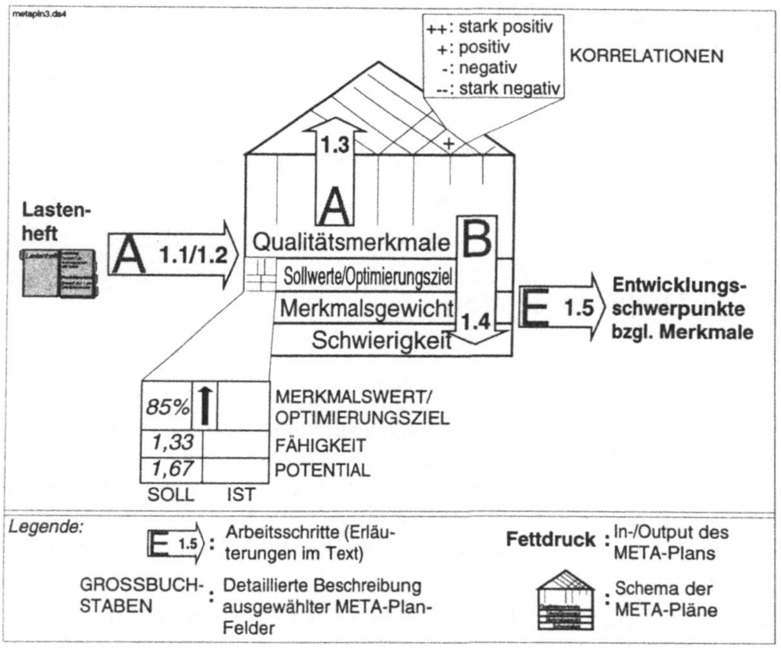

Bild 5.9: Arbeitsschritte und Darstellung im META-Plan Qualitätsmerkmale.

Die Abbildungen der META-Pläne visualisieren die Vorgehensweise durch Anordnung der Arbeitsschritte im Plan. Die Pfeilspitze weist jeweils auf die Felder, in die das Ergebnis des Arbeitsschritts eingetragen wird. Die Pfeilbasis hängt an dem Bereich, der als Input des Arbeitsschritts erforderlich ist. In- und Output des vollständigen META-Plans sind in Fettdruck dargestellt

AS 1.1 - Formulierung der Merkmale und Gewichtung

In Abschnitt 2.2.1 wurde bereits die Vielfalt möglicher Modulmerkmale automatisierter Montagesysteme aufgezeigt. Ergänzt werden diese Merkmale durch produkt- und prozeßspezifische Outputmerkmale. Die hier vorgestellte Planungsmethode ist dabei unabhängig von der nach ihrer Skalierbarkeit[31] einzuordnenden Merkmalscharakteristik. Grundsätzlich lassen sich sowohl quantitative als auch qualitative Merkmale berücksichtigen. Bei der **Formulierung der Qualitätsmerkmale** müssen folgende Kriterien beachtet werden:

- verständliche, klare, von allen Seiten akzeptierte Formulierung der Merkmalsgrößen,
- Anerkennung als Entscheidungsgrundlage durch die Projektbeteiligten,
- einheitliche Interpretierbarkeit auf Basis bestehender Normen und Richtlinien,
- einfache, wirtschaftliche Meßbarkeit.

Der Begriff Merkmal umfaßt marktbegründete, vertragliche, normale[32] und herstellerinterne Forderungen. Geeignete Quellen zur Auflistung sind neben dem Lastenheft des Systemherstellers, Erfahrungen mit vergangenen Projekten, Projektreviews, interne Vorschriften und systematische Ermittlungsgespräche mit dem Kunden. Entsprechend der Klassifizierung von Qualitätsmerkmalen im KANO-Modell (PFEIFER 1993, S. 31) tragen vor allem Begeisterungsmerkmale dominant zur Kundenzufriedenheit bei, die jedoch nicht explizit vorgebracht werden. Für den Systemhersteller bedeutet die Berücksichtigung dieser nichtformulierten Merkmale ein wesentliches Differenzierungsmerkmal im Wettbewerb.

---

[31] Nach RINNE & MITTAG (1989, S. 39) können quantitative Merkmale mittels Messung Kardinalskalen, qualitative Merkmale ausschließlich Nominal- und Ordinalskalen zugeordnet werden. Letztere werfen damit hinsichtlich der mathematischen Abbildbarkeit sowie ihrer fehlenden absoluten Aussagekraft Probleme auf. Quantitative Merkmale sind daher zu bevorzugen.

[32] Normale Forderungen sind Forderungen, die allgemeingültigen Normen, Vorschriften oder Richtlinien entsprechen.

Zu jedem Merkmal werden geeignete **Test- und Prüfmethoden** beschrieben. Damit wird bereits in der frühen Spezifikationsphase festgelegt, wie die Merkmale innerhalb der folgenden Entwicklungsschritte verifiziert werden können. Dabei können je nach Merkmal für unterschiedliche Konkretisierungsstufen der Montagemodule unterschiedliche Verfahren definiert werden. Die Meß- und Prüfmethoden sollen sich am aktuellen Stand der Technik orientieren, wie er in Standardwerken oder technischen Regelwerken formuliert ist (siehe z.B. REINHART U.A. 1996, VDMA 1996, VDMA 1992).

Im Rahmen dieses Arbeitsschrittes wird weiterhin die **Gewichtung** der Merkmale ermittelt. Auch hierbei ist ergänzend zur Analyse des Lastenhefts eine Befragung des Systembetreibers nach individuellen Prioritäten erforderlich. Die Gewichtung kann mittels der Methode des paarweisen Vergleichs operationalisiert werden (DAENZER 1994, S. 474). Ergebnis ist eine relative Präferenzordnung der Qualitätsmerkmale.

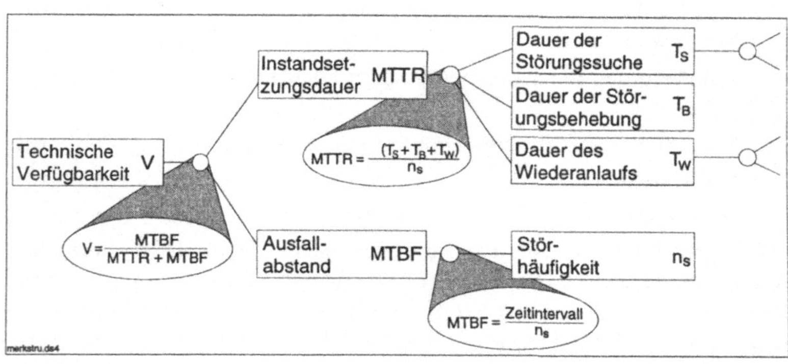

Bild 5.10: Beispielhafter Merkmalsbaum der Verfügbarkeit bis zur dritten Ebene mit Angabe der quantitativen Beziehungen in den Knoten.

Um sicherzustellen, daß der Bezug zur ursprünglichen Kundenforderung nicht verloren geht, erfolgt die **Darstellung** der Qualitätsmerkmale im META-Plan **in Form einer Baumstruktur**, die während der weiteren Bearbeitung der META-Pläne modifiziert, detailliert und erweitert werden kann. Beispielsweise leiten sich die Teilmerkmale Reparaturdauer und Störabstand aus dem formelmäßigen Zusammenhang des Merkmals Verfügbarkeit ab (s. Abschnitt 2.2.2). Die Teilmerkmale erfüllen insbesondere das Kriterium der Verständlichkeit weitaus deutlicher als zusammengesetzte Merkmale. Die Knoten der Baumstruktur stellen qualitative Zusammenhänge zwischen den Teilmerkmalen oder konkrete Vorschriften zur Berechnung eines hierarchisch übergeordneten

Merkmalsaggregats dar (s. Bild 5.10). Dabei ist die Baumstruktur eine idealisierte Darstellung der Verknüpfungen, da Qualitätsmerkmale auch in gegenseitigen Wechselbeziehungen stehen können (vgl. AS 1.3 - Analyse von Merkmalskorrelationen). Als Planungsgrundlage ist diese vereinfachte Darstellung im *META-Plan Qualitätsmerkmale* jedoch ausreichend. Bild 5.10 zeigt einen Ausschnitt des Merkmalsbaums der Verfügbarkeit.

AS 1.2 - Formulierung von Zielvorgaben auf Systemebene

Für die Ausprägung eines Qualitätsmerkmals ist als quantitative Planungsgrundlage eine objektive **Zielgröße** anzugeben. Abstraktionsgrad des Montagemoduls für diesen Arbeitsschritt ist die Systemebene. Der *META-Plan Qualitätsmerkmale* entspricht demzufolge einem komprimierten Lastenheft in Form einer ganzheitlichen Darstellung der Forderungen an das zu entwickelnde Montagesystem. Der Vorteil ist, daß alle planungsrelevanten Qualitätsinformationen kontinuierlich für die weiteren Entwicklungstätigkeiten visualisiert werden. Zusätzliche Informationen, die in einem häufig mehrseitigen Lastenheft dokumentiert werden, dürfen als notwendige Ergänzung jedoch nicht außer Acht gelassen werden.

Den Sollwerten sind **Optimierungsziele** zuzuordnen. Hierbei werden nach TAGUCHI (1986) als anzustrebendes Optimum ein Maximumwert (z.B. technischer Nutzungsgrad), ein Minimumwert (z.B. Durchlaufzeit) oder ein spezifizierter Nominalwert (z.B. Bohrungsdurchmesser) unterschieden. Die Optimierungsziele werden symbolisch mit Pfeilen im META-Plan eingetragen (s. Bild 5.9).

Weiterhin werden **Anforderungen an die Fähigkeit** spezifiziert. Dazu werden den Merkmalen, für die ein Fähigkeitsnachweis gefordert wird, Fähigkeits- bzw. Potentialwerte zugeordnet. Diese können sowohl für Outputmerkmale (Prozeßfähigkeit, Prozeßpotential) als auch Modulmerkmale (Systemfähigkeit, Systempotential; vgl. Bild 5.26) angegeben werden. In den betreffenden Test- und Prüfmethoden müssen Zusatzangaben über Stichprobengröße und -anzahl, Zeitraum der Stichprobennahmen und charakteristische Streubreite des Merkmals ergänzt werden (vgl. Arbeitsschritt 8.2). Diese Zusatzangaben sind auch Bestandteil der Vorschriften zur Abnahmeprüfung.

AS 1.3 - Analyse von Merkmalskorrelationen

Korrelationen zwischen den Merkmalen können durch ihre Effekte zu einer deutlichen Zunahme der Planungskomplexität führen. Eine frühzeitige Schaffung von Transparenz ist zu fordern, um Probleme zu identifizieren, die aus konkurrierenden Zielvorgaben des Systembetreibers resultieren und um Entwicklungsschwerpunkte für das weitere Vorgehen abzuleiten.

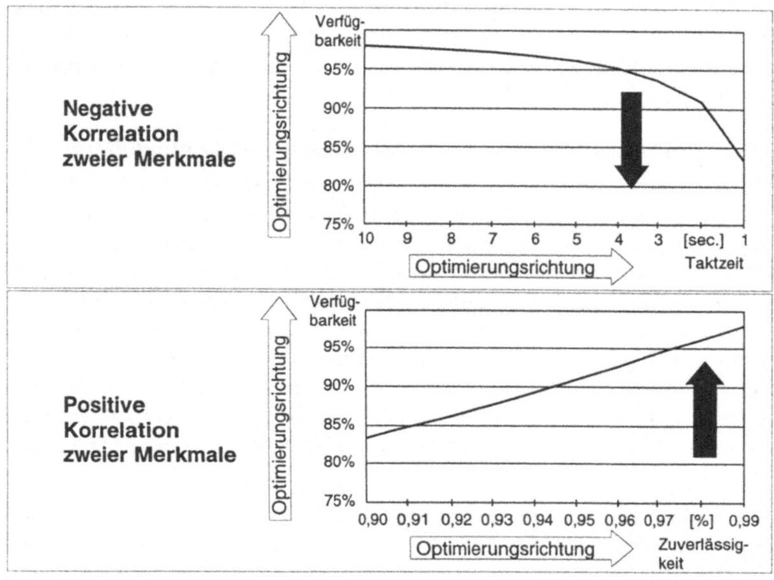

Bild 5.11: Korrelationen zwischen Qualitätsmerkmalen

Es werden positive und negative Korrelationen zwischen Kundenforderungen unterschieden (HOFFMANN 1997, S. 54). Eine **negative Korrelation** liegt vor, wenn eine Veränderung in Optimierungsrichtung des einen Merkmals zu einer Änderung des anderen Merkmals entgegen dessen Optimierungsrichtung führt (z.B. Taktzeit und Verfügbarkeit). Eine **positive Korrelation** liegt vor, wenn eine Verbesserung eines Merkmals die Änderung des zweiten Merkmals in Optimierungsrichtung bewirkt (z.B. Zuverlässigkeit und Verfügbarkeit). In Bild 5.11 sind Beispiele der Korrelationen veranschaulicht. Die Korrelationen werden im Dach des META-Plans visualisiert (s. Bild 5.9).

Negative Korrelationen stellen Zielkonflikte zwischen den Qualitätsmerkmalen dar (HOFFMANN 1997, S. 53). Die Lösung dieser Zielkonflikte haben entscheidenden Einfluß auf den Erfolg des Planungsprojektes. Lösungswege und Lösungen müssen jedoch situationsbezogen entwikkelt werden.

AS 1.4 - Bewertung der technischen Schwierigkeit bei der Umsetzung der Merkmale

In diesem Schritt erfolgt die **Priorisierung entsprechend der Merkmalskritizität**, bei der Zielgrößen, Fähigkeitsforderungen, Optimierungsziele und Zielkonflikte miteinbezogen werden. Die Qualitätsmerkmale werden unter Berücksichtigung der eigenen Erfahrungen und Kompetenzen durch den Montageplaner bewertet. Zur Operationalisierung der Bewertung wird die bei der Anwendung von Qualitätsmethoden übliche Skala von 1 bis 10 herangezogen. Für die linguistische Einschätzung der Merkmalskritizität werden Kriterien gemäß Bild 5.12 vorgeschlagen.

Bewertung	Linguistische Beschreibung
1, 2	Eine Planungsaufgabe bezüglich dieses Merkmals wurde bereits durchgeführt und gilt als Standardentwicklung. Es werden keinerlei besonderen Anforderungen hinsichtlich Fähigkeit und Sollwerte gestellt. Das Merkmal kann isoliert betrachtet werden und die Erfüllung gilt als gesichert.
3, 4, 5	Die Planungsaufgabe wurde in ähnlicher Weise bereits durchgeführt, allerdings stellen die Fähigkeitsanforderungen eine Herausforderung dar. Wechselbeziehungen mit anderen Merkmalen sind zu berücksichtigen.
6, 7, 8	An das Montagesystem werden umfassende Fähigkeitsforderungen bei hohen Sollwerten bzw. geringen Toleranzbändern gestellt. Es treten dominante Zielkonflikte auf, für die individuelle Lösungen zu finden sind. Eine zielorientierte Entwicklung benötigt einen intensiven Methodeneinsatz.
9, 10	Für die Gestaltung des Montagesystems entsprechend der Anforderungen müssen neue, technologische Entwicklungen betrieben werden. Die Merkmale stellen im Hinblick auf Fähigkeitsforderungen, Sollwerte und Zielkonflikte hohe Anforderungen an Planung, Versuch und Realisierung. Auf bestehende Erfahrungen kann nicht zurückgegriffen werden.

Bild 5.12: Linguistische Bewertung der Merkmalskritizität.

Als Hilfsmittel können Checklisten eingesetzt werden, die unternehmensspezifisch aufgebaut sind und ständig weiterentwickelt werden müssen. Die Formulierung dieser Checklisten ist eine wesentliche Know-How-Sicherung, die organisatorisch in die Unternehmen des Montageanlagenbaus eingebunden werden muß.

AS 1.5 - Setzen von Entwicklungsschwerpunkten bzgl. der Merkmale

Die Schwerpunkte werden aus dem Gewicht der Anforderung sowie der Schwierigkeit bei der Realisierung abgeleitet. Zur übersichtlichen Darstellung wird das strategische Planungsinstrument der **Portfolio-Analyse** eingesetzt. Hierzu werden Abszisse und Ordinate eines Koordinatensystems in 2 Teile separiert und damit die Fläche in 4 Quadrate gegliedert. An der Abszisse werden die relativen Gewichtungen der Merkmale angetragen, an der Ordinate die Schwierigkeiten der Realisierung. Entsprechend der Einordnung der Merkmale werden die in Bild 5.13 dargestellten Interpretationen der Quadranten vorgegeben. Aus dem Portfolio bzw. durch Multiplikation des Abszissenwerts mit dem Ordinatenwert werden die **Entwicklungsschwerpunkte bzgl. der Merkmale** abgeleitet.

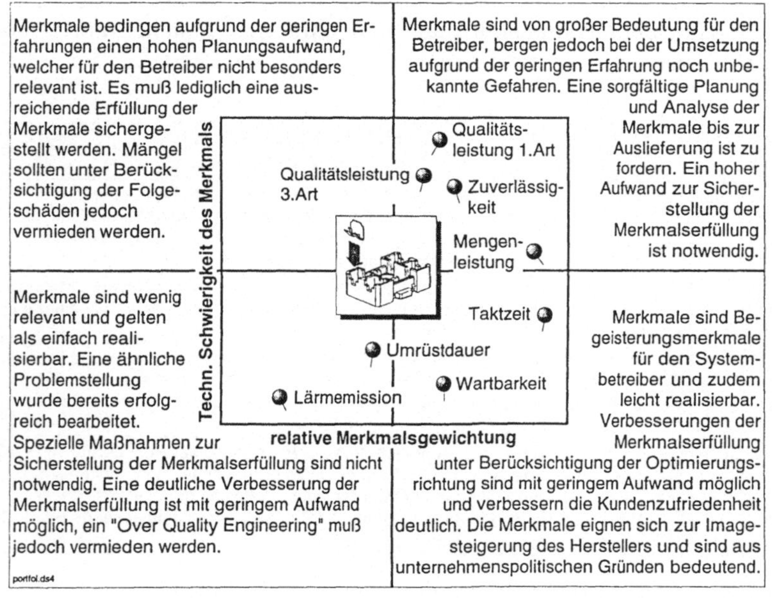

Bild 5.13: Portfolio-Darstellung der Qualitätsmerkmale zur Ableitung von Entwicklungsschwerpunkten am Beispiel der Montageanlage J (vgl. Bild 2.9, S. 21).

Mittels der Einordnung der Merkmale können erste Maßnahmen für das weitere methodische Vorgehen wie z.B. die Durchführung von Versuchen oder die simulative Analyse des Montageablaufs hinsichtlich Mengenleistung vorgemerkt werden. Der *META-Plan Qualitätsmerkmale* dient somit der Selektion von Planungsmethoden und Werkzeugen, die dominanten Einfluß auf Zeitdauer und Kosten des Projektes besitzen. Er eignet sich folglich auch als Grundlage zur Kalkulation des Planungsaufwands. Eine Aufstellung des META-Plans ist noch vor der Erstellung des Pflichtenhefts durch den Systemhersteller sinnvoll.

5.3.1.3 META-Plan Prinziplösungen

Ziel dieser Entwicklungsstufe ist es, ohne Bezug zu konkreten Montagesystemlösungen die gestellte Montageaufgabe zu strukturieren, zu analysieren und unter Berücksichtigung der Merkmalsforderungen geeignete Prinziplösungen festzulegen. Die nachstehend erläuterten Arbeitsschritte im *META-Plan Prinziplösungen* zeigt zusammenfassend Bild 5.14.

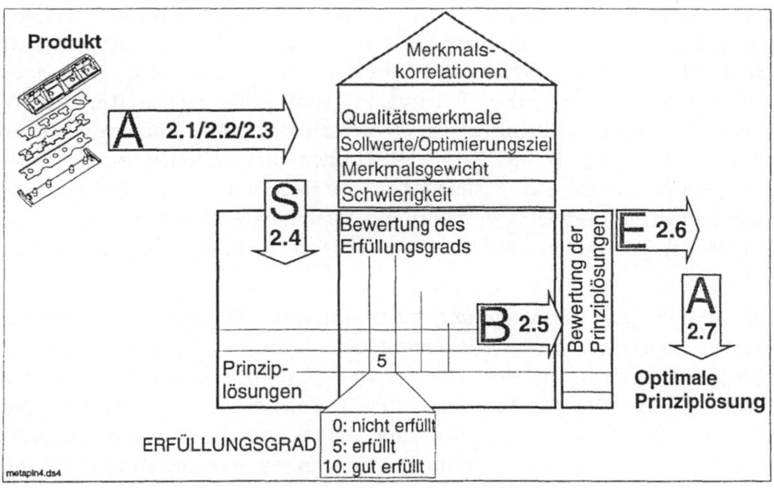

Bild 5.14: Arbeitsschritte und Darstellung im META-Plan Prinziplösungen.

AS 2.1 - Strukturierung des Produkts

Aus der Konstruktionsstückliste des Produkts leitet der Montageplaner eine baugruppenorientierte Montagestruktur ab. Dieser Schritt entspricht der Aufgabe in der Montageplanung wie er beispielsweise in HESSE (1993, S. 31FF) behandelt ist. Ergebnis ist ein Strukturbaum, in dem jede Baugruppe oder jedes Einzelteil einer Montageebene zugeordnet ist, in der sie spätestens eingebaut werden muß.

AS 2.2 - Analyse der notwendigen Montagefunktionen

Aus der Produktstruktur werden die notwendigen Montagefunktionen und deren zeitliche und logische Reihenfolge festgelegt (BULLINGER, 1986, S. 94FF). Ergebnis ist die Beschreibung alternativer Vorranggraphen.

AS 2.3 - Analyse der Betriebsbedingungen

Die Analyse der Betriebsbedingungen wird in die Analyse der montagegerechten Produktgestalt sowie der Montageumgebung differenziert. Die Richtlinien zur **montagegerechten Produktgestaltung** (s. z.B. PAHL & BEITZ 1993, S. 392FF, BOOTHROYD U.A. 1994, S. 165FF) dienen der Vermeidung oder Vereinfachung von Montageprozessen und sind wichtige Voraussetzung für die Fähigkeit eines Montagesystems. Jede nicht eingehaltene Regel beeinflußt Kosten oder Qualitätsverhalten des Montagesystems negativ. Die Analyse des montagegerechten Designs ist daher ein entscheidender Schritt der präventiven Fehlervermeidung. Hierzu werden die vorliegenden Produktdaten hinsichtlich Produktaufbau (Basisteil, Teilezahl, Baugruppenbildung, etc.), notwendige Montagefunktionen, Teilegeometrie, Teilehygiene und Teileeigenschaften untersucht. Geeignete Hilfsmittel zur Unterstützung des Analyseschrittes sind Checklisten (z.B. MONQUIS 1996) oder Informationen vorangegangener Planungsprojekte. Verletzungen von Regeln der montagegerechten Produktgestalt und Überschreitungen tolerierbarer Produkteigenschaften (Maße, Toleranzen, etc.) stellen **kritische Ursachen der Produkte** dar.

Die Analyse der **Montageumgebung** umfaßt neben den restriktiven Planungsgrundlagen wie Flächenangebot, die häufig bereits im Lastenheft genannt sind, die Bereiche des Personals (z.B. Qualifikation), der Umwelt (z.B. Temparatur) und der Organisation (z.B. Ablauf der Schichtwechsel). Auch hierbei werden als geeignete Erfassungshilfsmittel Checklisten eingesetzt. Neben Befragungen werden zudem häufig Ortsbegehungen notwendig. Wesentliche Abweichungen von Regelfällen stellen **kritische Ursachen der Montageumgebung** dar.

AS 2.4 - Entwicklung unterschiedlicher Prinziplösungen

Eine Prinziplösung ist ein nach definierbaren Grundmerkmalen charakterisiertes Montagesystem. Nach BULLINGER (1986, S. 67) erfolgt zunächst unter Berücksichtigung der restriktiven Betriebsbedingungen die Festlegung und Konkretisierung von Maßnahmen zur Erfüllung der Planungsziele wie Kapazitätsteilung, Überdimensionierung oder Entkopplung. Für die unterschiedlichen Ausprägungsmöglichkeiten werden mittels der morphologischen Methode alternative Prinzipien kombiniert. Ergebnis sind **mögliche Prinziplösungen**, die in den META-Plan für eine Bewertung eingetragen werden.

AS 2.5 - Bewertung der Prinziplösungen

Auf die Wichtigkeit der Bewertungsschritte zur Steuerung des Planungsvorgehen wurde bereits hingewiesen. Unter Berücksichtigung der vorliegenden Informationen erfolgt die Bewertung der einzelnen Lösungsansätze hinsichtlich ihrer voraussichtlichen Merkmalserfüllung.

Zur **Operationalisierung der Bewertung** wird im META-Plan für jedes Merkmal der Erfüllungsgrad einer Prinziplösung eingetragen (s. Bild 5.14). Erfüllt die Lösung das Merkmal gut, wird der Wert 10 vergeben, bei einer ausreichenden Erfüllung der Wert 5 und bei einer voraussichtlichen Nichterfüllung der Wert 0. Mit diesem Bewertungsvektor der Prinziplösung und dem Gewichtungsvektor der Merkmale (Schritt 1.1) wird das Skalarprodukt berechnet und das Ergebnis für jede Prinziplösung in das Bewertungsfeld des META-Plans eingetragen. Damit ergibt sich eine Rangfolge der Prinziplösungen entsprechend ihrer Erfüllung der gewichteten Kundenforderungen.

AS 2.6 - Auswahl der Prinziplösung

Der Entwicklungsschritt von Prinziplösungen kann erst abgeschlossen werden, wenn alle Anforderungen durch eine oder mehrere Lösungen erfüllt sind. Hierbei stellen insbesondere die gekennzeichneten Zielkonflikte (Schritt 1.3) Probleme dar, die eventuell gesonderte Lösungen erfordern. Die Darlegung dieser Probleme im gemeinsamen Entscheidungsprozeß zwischen Systembetreiber und Systemhersteller vermeidet überraschende Mehraufwendungen im weiteren Entwicklungsablauf und sollte der endgültigen Auswahl vorangehen.

AS 2.7 - Analyse der Varianten und Verbesserung der Prinziplösung

Ziel dieses Arbeitsschrittes ist es, das Potential der ausgewählten Lösung durch Ableiten von Verbesserungsmaßnahmen aus allen gefundenen Lösungsvarianten zu verbessern. Hierbei werden jeweils die Gründe für gute oder schlechte Erfüllung eines Merkmals durch eine Lösungsvariante ermittelt und deren Übertragbarkeit auf die ausgewählte Prinziplösung geprüft. Durch dieses Vorgehen wird ein kontinuierlicher Verbesserungsprozeß in Gang gesetzt, der durch die Synthese der Vorteile aller Lösungsvarianten zu einer optimalen Prinziplösung führen soll.

5.3.1.4 META-Plan Ablaufvarianten

Ziel dieser Entwicklungsstufe ist es, analog zur Entwicklung von Prinziplösungen Ablaufalternativen zu synthetisieren und diese hinsichtlich der Erfüllung der Qualitätsforderungen zu bewerten. Die Arbeitsschritte im *META-Plan Ablaufvarianten* zeigt zusammenfassend Bild 5.15.

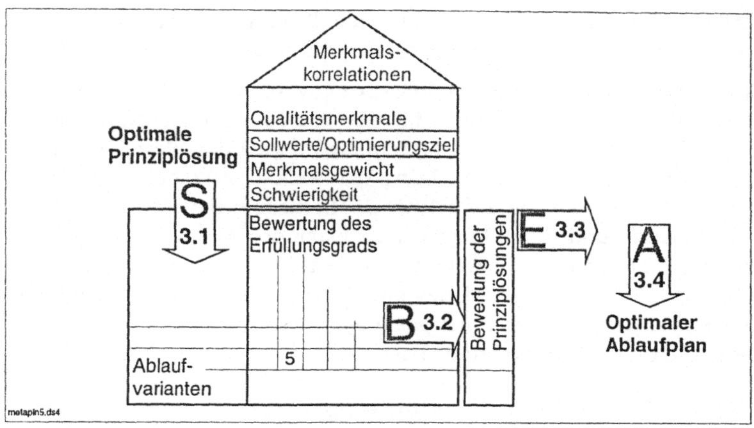

Bild 5.15: Arbeitsschritte und Darstellung im META-Plan Ablaufvarianten.

AS 3.1 - Entwicklung unterschiedlicher Ablaufpläne

Aus dem Vorranggraphen des Produkts (Schritt 2.2) und weiteren Detailinformationen zu den Einzelteilen (Schritt 2.3) werden für die gewählte Prinziplösung verschiedene Ablaufpläne erarbeitet. Hierbei sind neben den eigentlichen Fügeoperationen alle weiteren Montageprozesse wie Bereitstell-, Zuführ-, Sonder- oder Prüffunktionen (s. Abschn. 2.3.1) festzulegen. Prüfmaßnahmen, die bereits im Schritt 1.1 hinsichtlich der Outputmerkmale entwickelt wurden, werden soweit erforderlich integriert[33].

Es sollten auch Lösungsalternativen entwickelt und in die anschließende Bewertung mit aufgenommen werden, die die Umsetzung von Verbesserungsmaßnahmen z.B. hinsichtlich Produktmodifikationen voraussetzen. Damit lassen sich die positiven Konsequenzen dieser Maßnahmen verdeutlichen. Die Ablaufvarianten werden in den META-Plan eingetragen.

AS 3.2 - Bewertung der Ablaufvarianten

Der Arbeitsschritt wird analog zu Schritt 2.5 mit den entwickelten Ablaufvarianten als Bewertungsobjekte durchgeführt.

---

[33] Die Entwicklungsmethode unterstützt die Prüfplanung in der Montage, wie sie von KRING (1989) durchgeführt wird, insbesondere bei der Festlegung der Prüfmerkmale, der Prüfablaufplanung und der Prüfmittelplanung.

AS 3.3 - Auswahl des Ablaufplans

Der Ablaufplan legt das Montagesystem hinsichtlich der enthaltenen Montageprozesse fest. In Abschnitt 2.4.3 wurden Montageprozesse als stark qualitätsbeeinflussend identifiziert. Auswahlunterstützend sollten daher Daten über das Qualitätsverhalten der Prozesse herangezogen werden, die z.B. in den Analyseschritten vorangegangener Projekte akquiriert wurden (Arbeitsschritte 5.2, 7.2, 8.2, 8.5) und in einer Datenbasis (siehe Abschnitt 6.3) abgelegt sind.

AS 3.4 - Analyse der Varianten und Verbesserung des Ablaufplans

In gleicher Weise wie in Arbeitsschritt 2.7 werden die erarbeiteten Alternativen als Grundlage einer Verbesserung des ausgewählten Ablaufplans genutzt. Ergebnis der Entwicklungsstufe ist ein Ablaufplan, der die Qualitätsmerkmale des späteren Montagesystems erfüllt und in den folgenden Entwicklungsphasen weiter detailliert wird.

5.3.2 Modulgestaltung

5.3.2.1 Inhalt der Modulgestaltung

Im weiteren Vorgehen werden für die ausgewählte Variante die hierarchische Systemstruktur detailliert und die Teilmodule bewertet. Die Entscheidungsaufbereitung erfolgt über den *META-Plan Montagemodule (grob)* und den *META-Plan Montagemodule (fein)*.

Inhalt des **META-Plans Montagemodule (grob)** ist die Umsetzung der Systemmerkmale in Merkmale einzelner Teilmodule. Die Module werden hinsichtlich ihrer Kritizität bewertet und Entwicklungsschwerpunkte auf Modulebene definiert. Die Fehler-Möglichkeits- und Einfluß-Analyse wird entscheidungsunterstützend in den Ablauf integriert.

Auf Basis der groben Modulstruktur erfolgt im nachfolgenden Syntheseschritt die Konstruktion und Detaillierung. Ergebnisse sind Montagemodule, die im **META-Plan Montagemodule (fein)** hinsichtlich ihrer Anforderungserfüllung bewertet werden. Hier erfolgt die Einbindung der Versuchsplanung für die Anwendung an virtuellen Montagemodulen sowie die Entwicklung von Berechnungsvorschriften für die Abschätzung der Merkmalserfüllung.

5.3.2.2 META-Plan Montagemodule (grob)

Nach der Festlegung der Grundstruktur des Montagesystems ist es Ziel dieser Entwicklungsstufe, geeignete Maßnahmen zur Einhaltung der

Fähigkeit kritischer Systemelemente zu erarbeiten. Die qualitative Analyse der Fähigkeit erfolgt mittels einer hierchisch strukturierten System-FMEA. Die Arbeitsschritte und Eintragungen im *META-Plan Montagemodule (grob)* zeigt Bild 5.16.

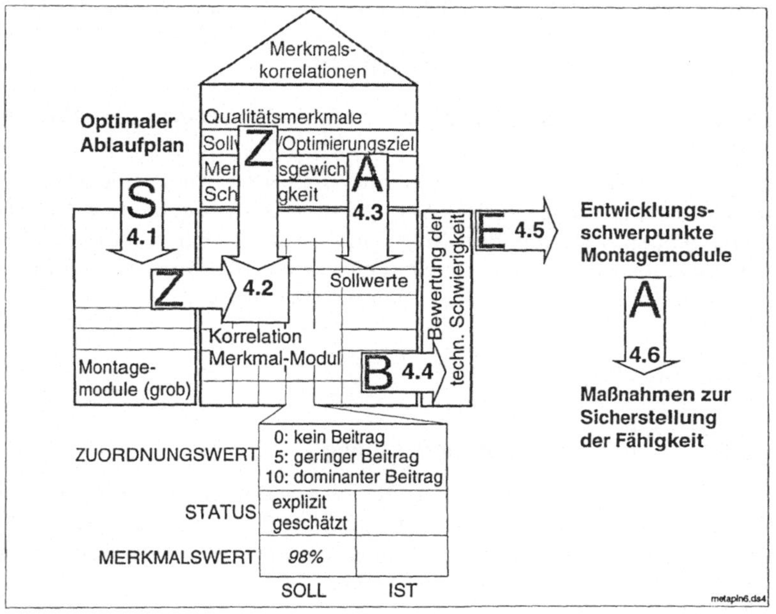

Bild 5.16: Arbeitsschritte und Darstellung im META-Plan Montagemodule (grob).

AS 4.1 - Definition von Montagemoduln

Erster Schritt ist die Definition und Identifizierung der Montagemoduln, die die Grundlage des weiteren Vorgehens bilden. Dies entspricht dem Entwurf der technischen Gestaltung des Montagesystems (BULLINGER 1986, S. 283), in dem den Montagefunktionen des Ablaufplans Betriebsmittel zugeordnet werden. Hierbei ist insbesondere der Abgleich mit Standardbetriebsmittelgeometrien erforderlich, da diese aufgrund der bereits in realen Einsatzfällen evaluierten Fähigkeit und eines geringen Adaptionsaufwands in Planung und Realisierung Vorteile bieten. SCHUSTER (1992) ordnet diesen Abgleich dem Aufgabenbereich des Produktkonstrukteurs zu. Da aktuelles Wissen über Standardbetriebsmittel vorrangig beim Systemhersteller vorliegt, muß der Schritt im Rahmen der Grobkonzeption auch vom Montageplaner durchgeführt werden. Ergänzend werden in diesem Arbeitsschritt die Kapazitätsteilung, der Entwurf der Prinzipanordnung, eine grobe Layoutplanung incl. der Organisation des Materialflusses sowie die Prüfplanung durchgeführt.

Jedes Montagemodul stellt einen abgegrenzten, funktionsfähigen Teilbereich des späteren Montagesystems gemäß der Definition in Abschnitt 5.2.2 dar. Hierzu können mehrere Funktionen in einem Teilsystem zusammengefaßt (z.B. Bereitstellen, Orientieren und Lage prüfen im Vibrationswendelförderer) oder eine Funktion in mehrere Betriebsmittel aufgeteilt werden (z.B. Zuführen in VWF und Zuführschiene). Die strenge Prozeßabgrenzung gemäß der VDI-RICHTLINIE 2860 (1990), die häufig als Planungsgrundlage verwendet wird, wird daher verlassen.

Aus der integrativen Betrachtung von Qualitäts- und Montageaspekten sind bei der Definition der Module zu beachten:

- Die Definition der Module muß Anforderungen an eine inbetriebnahmegerechte Struktur hinsichtlich Vormontierbarkeit, Funktionsfähigkeit und Schnittstellengestaltung zwischen den Teilmodulen erfüllen (vgl. auch EVERSHEIM 1990, S. 24FF).
- Montagemodule müssen alle merkmalsrelevanten Teilmodule und Systemelemente beinhalten. So werden beispielsweise Pufferstrekken oder Prüf- und Überwachungskomponenten den zu puffernden oder zu überwachenden Montagemoduln zugeordnet, da sie deren individuelles Qualitätsverhalten entscheidend mitbestimmen.

Montagesystemhersteller haben sich weitgehend auf die Entwicklung von Montagesystemen für Produkte bestimmter Branchen spezialisiert wie z.B. elektromechanische Komponenten oder medizintechnische Produkte. Diese Produkte bestehen im allgemeinen nur aus einem begrenzten Umfang an Konstruktionselementen und Baugruppen, die zumeist eine gewisse Ähnlichkeit zu Vorgängerprodukten aufweisen und damit ähnliche Prozesse und Betriebsmittel erfordern. Die in diesem Arbeitsschritt vorgestellte Definition von Montagemoduln ist daher im wesentlichen durch die Erfahrung des Planers mit Vorgängerprodukten geprägt. Das planerische Vorgehen ist bei den analysierten Systemhersteller häufig üblich. Oftmals werden auch die Schritte der Modulkonzeption übersprungen und bereits in einem frühen Planungsstadium umzusetzende Systembereiche abgegrenzt.

AS 4.2 - Zuordnung der Merkmale zu den Montagemoduln

In diesem Schritt erfolgt zunächst eine Detaillierung des Merkmalbaums im *META-Plan Qualitätsmerkmale*. Merkmale, die in der vorgegebenen Form nicht realisier- oder meßbar sind, müssen in **modulspezifische Merkmale** transformiert werden. So ist die Taktzeit für einen kontinuierlich arbeitenden Vibrationswendelförderer kein direkt zu messendes Merkmal. Aus der Taktzeit der nachfolgenden Fügekomponenten ergibt sich jedoch eine zu fordernde minimale Ausbringungsleistung pro Zeiteinheit, die als modulspezifisches Merkmal vorzugeben ist.

Nach der Erweiterung des Merkmalbaums werden iterativ jedem Modul diejenigen Merkmale zugeordnet, die durch das Modul mitbestimmt werden. Hierbei können singuläre und allgemeine Merkmal unterschieden werden. **Singuläre Merkmale** werden nur von einigen, im Extremfall nur von einem Montagemodul erfüllt (z.B. Produktmerkmale, Bedienbarkeit). **Allgemeine Merkmale** werden durch die Aggregation aller Montagemodule bestimmt (z.B. Zuverlässigkeit). Die Stärke des Beitrags eines Montagemoduls zu einem Qualitätsmerkmal wird durch die Stufenwerte 5 (geringer Beitrag) und 10 (starker Beitrag) dargestellt und in das Matrixfeld des META-Plans eingetragen (s. Bild 5.16).

AS 4.3 - Herleitung von Zielvorgaben auf Modulebene

Aus den in Schritt 1.2 formulierten Zielvorgaben, Optimierungsrichtungen sowie Fähigkeitsforderungen werden die Zielvorgaben für die zugeordneten Montagemodule abgeleitet. Die Werte werden durch Schätzung bzw. durch Umkehrung der Berechnungsvorschriften für Qualitätsmerkmale vorgegeben (s. Bild 5.19) und im Matrixfeld des META-Plans eingetragen. Für Outputmerkmale lassen sich die Zielwerte explizit vorgeben, während Modulmerkmale häufig nur abgeschätzt werden können. Der Status wird ebenfalls im Matrixfeld eingetragen (s. Bild 5.16).

AS 4.4 - Bewertung der technischen Schwierigkeit bei der Umsetzung der Montagemodule

In diesem Schritt erfolgt die **Priorisierung entsprechend der Modulkritizität**. Hierbei bilden die bisher erarbeiteten technologischen Aspekte wie

- die montagegerechte Gestaltung, die Prozeßfähigkeit des Fertigungsprozesses der Einzelteile sowie weitere kritische Ursachen des Produkts und der Montageumgebung,
- die Komplexität des Montageprozesses,
- der aktuelle Stand der Technik der Prozeßtechnologie (innovative Entwicklung oder Standardprozeß),
- die eigenen Erfahrungen mit der erforderlichen Technologie,
- die Stellung des Moduls innerhalb des Montagesystems (z.B. zentrale Steuerungs- oder Basiskomponente, Engpaß)

sowie Einschränkungen des Gestaltungsfreiraums durch

- eine vom Systembetreiber geforderte Integration beigestellter Komponenten unbekannter oder mangelnder Fähigkeit,
- eine explizite Vorgabe einer Bauform des Montagesystems sowie durch
- eine vom Systembetreiber getroffene Vorauswahl in Frage kommender Unterauftragnehmer

Grundlage der Bewertung. In Analogie zu Arbeitsschritt 1.4 erfolgt die Bewertung durch Zuordnung eines Skalenwerts zwischen 1 und 10, der im META-Plan eingetragen wird. Die linguistische Beschreibung kann an Bild 5.12 angelehnt werden.

Die Zuordnung der Merkmale zu den Montagemoduln sowie die Herleitung der Zielvorgaben und Bewertung der Kritizität können als vorweggenommene FMEA bezeichnet werden, da durch das Untersuchen und Ausformulieren der individuellen Zusammenhänge und Modulspezifikationen mögliche Konzeptfehler des Gesamtsystems bereits eliminiert werden können.

AS 4.5 - Setzen von Entwicklungsschwerpunkten bzgl. der Montagemodule

Mit diesem Arbeitsschritt wird der Forderung entsprochen, kritische Module für die weitere Bearbeitung und Anwendung präventiver Qualitätsmethoden zu gewichten und auszuwählen. Insbesondere zur effizienten Durchführung der FMEA wird dies auch von HERING U.A. (1993, S. 105) als unbedingt erforderlich angesehen.

Die formale **Berechnung der Modulgewichte** zur Ermittlung der Entwicklungsschwerpunkte basiert auf den Gewichts-, Schwierigkeits- und Korrelationsvektoren, die in den Arbeitsschritten 1.1, 1.4, 4.2 und 4.4 festgelegt wurden. Nach folgender Rechenvorschrift wird die Gewichtung eines Montagemoduls berechnet:

$$m_G = m_S\left(\sum_{i=1}^{n} m_{q,i} \cdot q_{G,i} \cdot q_{S,i}\right) \qquad 5.2$$

mit: m_G: *Gewicht des Montagemoduls*
m_S: *Techn. Schwierigkeit des Montagemoduls*
n: *Anzahl der Qualitätsmerkmale*
$m_{q,i}$: *Korrelation zwischen Modul und i-ten Qualitätsmerkmal*
$q_{G,i}$: *Gewicht des i-ten Qualitätsmerkmals*
$q_{S,i}$: *Techn. Schwierigkeit des i-ten Qualitätsmerkmals*

Mit den **Entwicklungsschwerpunkten** bezüglich der Montagemodule wird das weitere Vorgehen festgelegt. So kann beispielsweise der Bau erster Versuchsprototypen veranlaßt werden.

AS 4.6 - Qualitative Analyse der Fähigkeit der Montagemodule

In diesem Arbeitsschritt wird aufbauend auf der entwickelten hierarchischen Modulstruktur eine qualitative Analyse der Fähigkeit der Montagemodule durchgeführt. Hierzu wird die **System-FMEA** eingesetzt, deren Schrittfolge bereits in Bild 5.6 dargestellt wurde.

Die Entwicklungsschwerpunkte bezüglich Merkmale und Module legen die Analyseelemente fest. Die kritischen Ursachen von Produkt und Umgebung liefern Input für den Analyseschritt „Auflistung möglicher Ursachen" in der Schrittfolge. Weitere Grundlage der Ursachenanalyse ist die Suche nach möglichen Fehlern, die innerhalb des betrachteten Moduls entstehen und sich auf dessen Elemente beziehen (Verhaken von Einzelteilen in Förderschiene, Ausfall Motor, Dauer beim Nachfüllen zu groß, etc.). Hierbei können Checklisten angelehnt an die Strukturen von SCHULER (1991) unterstützend eingesetzt werden. Innerhalb des Zuordnungsschritts werden die einzelnen Elemente zu Ursache-Wirkungsketten verknüpft, anschließend bewertet und Maßnahmen zur Minimierung des Risikos formuliert. Die Folgen eines Fehlers lassen sich wiederum aus der Merkmalszuordnung der betrachteten Module herleiten. Jeder Fehler führt definitionsgemäß zu einer Beeinträchtigung eines Merkmals und damit zu einer Reduzierung der Fähigkeit.

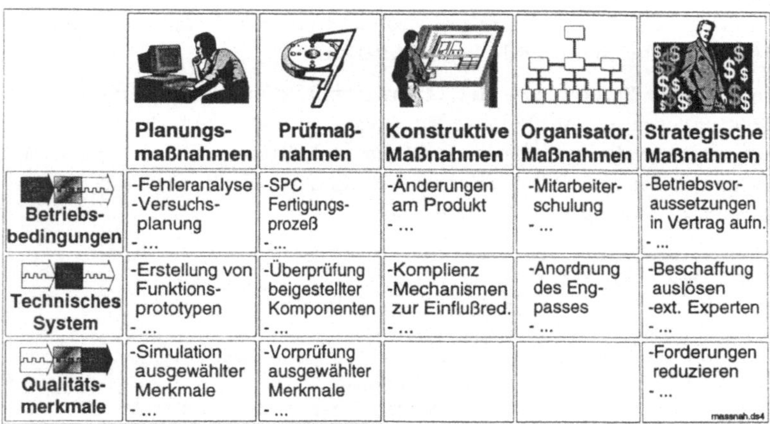

	Planungsmaßnahmen	Prüfmaßnahmen	Konstruktive Maßnahmen	Organisator. Maßnahmen	Strategische Maßnahmen
Betriebsbedingungen	-Fehleranalyse -Versuchsplanung - ...	-SPC Fertigungsprozeß - ...	-Änderungen am Produkt - ...	-Mitarbeiterschulung - ...	-Betriebsvoraussetzungen in Vertrag aufn. - ...
Technisches System	-Erstellung von Funktionsprototypen - ...	-Überprüfung beigestellter Komponenten - ...	-Komplienz -Mechanismen zur Einflußred. - ...	-Anordnung des Engpasses - ...	-Beschaffung auslösen -ext. Experten - ...
Qualitätsmerkmale	-Simulation ausgewählter Merkmale - ...	-Vorprüfung ausgewählter Merkmale - ...			-Forderungen reduzieren - ...

Bild 5.17: Strukturierung der Maßnahmen in der qualitätsorientierten Montagesystementwicklung.

Die Schrittfolge endet mit der **Erarbeitung von Maßnahmen**. Maßnahmen in der qualitätsorientierten Montagesystementwicklung beziehen sich dabei auf die Betriebsbedingungen, das technische System bzw. die Qualitätsmerkmale und können Planungs-, Prüf-, konstruktive, organisatorische oder strategische Maßnahmen darstellen (s. Bild 5.17). Die möglichen Maßnahmen werden den kausalen Fehlerketten im FMEA-Formblatt zugeordnet. Die Entscheidung zur Durchführung kostenintensiver Maßnahmen wird in den jeweiligen Entscheidungsschritten gemeinsam von Systembetreiber und Systemhersteller getroffen

5.3.2.3 META-Plan Montagemodule (fein)

Ziel dieser Entwicklungsstufe ist es, die Montagemodule für die Planung und Durchführung der Realisierungsschritte zu detaillieren. Da dem Phasenübergang zwischen Planung und Realisierung aufgrund des hohen Aufwands bei fälligen Änderungen besonderes Gewicht beigemessen werden muß, werden in diesem Stadium erste Versuche an Prototypen durchgeführt. Die Arbeitsschritte des *META-Plans Montagemodule (fein)* zeigt Bild 5.18.

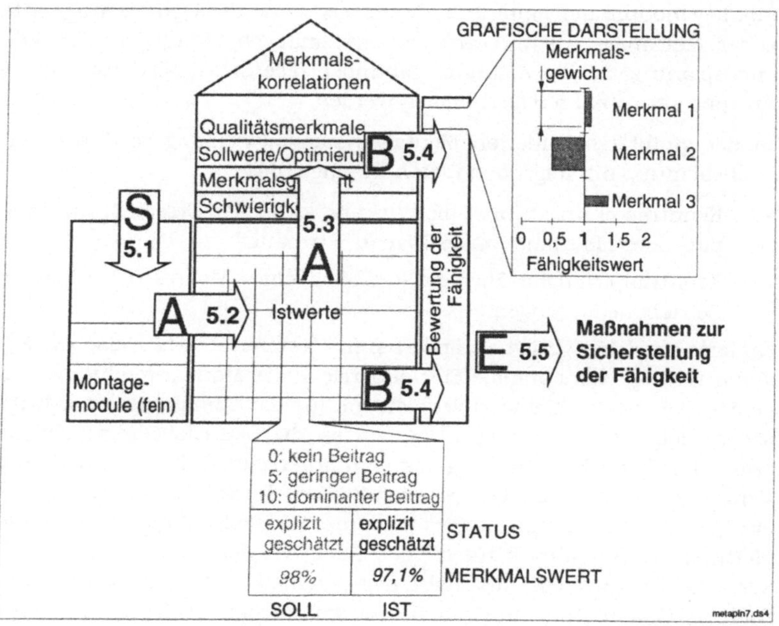

Bild 5.18: Arbeitsschritte und Darstellung im META-Plan Montagemodule (fein).

AS 5.1 - Konstruktion und Detaillierung der Montagemodule

Auf Basis der Produktdaten und groben Montagemodule und unter Einbeziehung der bislang festgelegten konstruktiven Maßnahmen erfolgt

- die detaillierte Arbeitsstationengestaltung und Layoutplanung,
- die Auswahl und Konstruktion von Komponenten wie Mehrstationen-Montageautomaten, Zubringeeinrichtungen, Verkettungsmittel und Puffer, Greifer, Handhabungsgeräte oder Meß- und Prüfeinrichtungen sowie
- die Entwicklung der Steuerungsprogramme für Ablauf und Bewegungssteuerung.

Ergebnis des Arbeitsschritts sind Montagekomponentenmodelle, die als 3D-Datenmodell im CAD-System, Konstruktionszeichnungen, Funktionsprototypen, Prinzipskizzen, Beschreibungen etc. vorliegen.

AS 5.2 - Test und Optimierung virtueller Montagemodule

Zur Erhöhung der Planungssicherheit und -sorgfalt erfolgt für kritische Montagemodule der empirische Nachweis sowie die Optimierung kritischer Merkmale. Hierzu wird das systematische Vorgehen der Versuchsplanung in den Ablauf eingebunden. Die Schrittfolge zur Durchführung kann Bild 5.6 entnommen werden.

In der qualitätsorientierten Montagesystementwicklung wird die Versuchsplanung mit folgenden **Zielen** durchgeführt:

- Kenntnis erlangen über die Wirkung kritischer Ursachen auf Output- oder Modulmerkmale (Niveau, Streuung),
- Kenntnis erlangen über die Fähigkeit eines Moduls bei variablen Betriebsbedingungen.

Ersteres wird bei gezielt veränderbaren Faktoren des technischen Systems verfolgt, um optimale Einstellbereiche des Montagemoduls vorzugeben. Das zweite Ziel wird verfolgt, um für die Einhaltung einer kritischen Zielgröße notwendige Vorgaben an die Betriebsbedingungen zu ermitteln. Je nach Zielsetzung kommen unterschiedliche Techniken der Versuchsplanung wie z.B. Response-Surface-Techniken zur Wirkungsanalyse und zur optimalen Montageprozeßeinstellung oder Screening-Methoden und Square-Pläne für den Nachweis dominanter Einflußgrößen zum Einsatz. Die Auswahl einer geeigneten Technik ist fallspezifisch zu treffen und muß durch eine entsprechende Kompetenzstelle unterstützt werden.

Die Tests werden individuell für einzelne Module durchgeführt und als Prüfmaßnahmen im Rahmen der FMEA oder aufgrund vorgelagerter Analysen definiert. Untersuchungsobjekte können virtuelle Prototypen für Simulationsstudien (z.B Fügeprozeßsimulation, Ablaufsimulation) oder Funktionsprototypen ausgewählter Füge- oder Prüfprozesse sein. Grundlage der Auswahl sind auch hier die Entwicklungsschwerpunkte der Module und Merkmale. Ergebnis sind quantitative Informationen zu Fehlern und Folgen der Montagemodule sowie konkrete Maßnahmen wie Einstellungshinweise für die Realisierungsphase. Die expliziten Werte der Qualitätsmerkmale können zur Fähigkeitsanalyse im Sollfeld des META-Plans festgehalten werden (s. Bild 5.18).

AS 5.3 - Überprüfung der Merkmalserfüllung

Grundlage einer frühzeitigen Bewertung der Anforderungserfüllung und damit der Vermeidung eines „Over-Quality-Engineering" ist der Vergleich aktueller Istmerkmale mit den geforderten Sollmerkmalen auf Systemebene. Die Überprüfung erfolgt mittels Berechnungen im META-Plan. Basis sind die quantitativen Ausprägungen einzelner Merkmale der Montagemodule, die den durchgeführten Tests entnommen oder geschätzt wurden, sowie die im Schritt 4.3 erarbeiteten Zielvorgaben.

Für quantitative Modulmerkmale lassen sich mathematische Beziehungen formulieren, womit allgemein aus einzelnen Modulmerkmalen die Merkmale des hierarchisch übergeordneten Modulaggregats ermittelt werden können. Für diesen Überprüfungsschritt innerhalb des META-Plans werden verschiedene Berechnungsvorschriften in Abhängigkeit montagespezifischer Relationen beschrieben.

Eine **additiv-hierarchische Relation** besteht, wenn die Merkmale des Aggregats Q_{Sys} sich aus der Summe der Merkmale Q_E der n Teilmodule ergibt. In der Montage gilt dies beispielsweise für Ausfallraten, die Durchlaufzeit, die Ereigniszahl (Störzahlen) oder Zustandsdauern (Bedien- oder Wartungsdauer). Die Berechnung erfolgt nach der einfachen Vorschrift:

$$Q_{Sys} = \sum_{i=1}^{n} Q_{E,i} \qquad 5.3$$

Eine **exklusiv-hierarchische Relation** besteht, wenn das Merkmal eines Aggregats ausschließlich durch den Minimal- oder Maximalwert aus der Menge der Merkmale der Teilmodule bestimmt wird. Beispiele sind die Taktzeit oder der Nutzungsgrad bei Montagemodulen ohne Puffer (starre Verkettung). Die Berechnungsvorschrift lautet:

$$\begin{aligned} Q_{Sys} &= MIN\{Q_{E,1};\ Q_{E,2};\ \ldots;\ Q_{E,n}\}; \\ Q_{Sys} &= MAX\{Q_{E,1};\ Q_{E,2};\ \ldots;\ Q_{E,n}\} \end{aligned} \qquad 5.4$$

Bei einer **logisch-hierarchischen Relation** determinieren Modulmerkmale, die Eigenschaften in Form von Wahrscheinlichkeiten beschreiben, das Aggregatmerkmal nach den Regeln der Wahrscheinlichkeitsrechnung. Beispiele sind der Nutzungsgrad bei loser Verkettung, die Verfügbarkeit, die Zuverlässigkeit oder die Bedienbarkeit. Die Berechnungsvorschriften sind in Bild 5.19 dargestellt und werden im folgenden Exkurs hergeleitet.

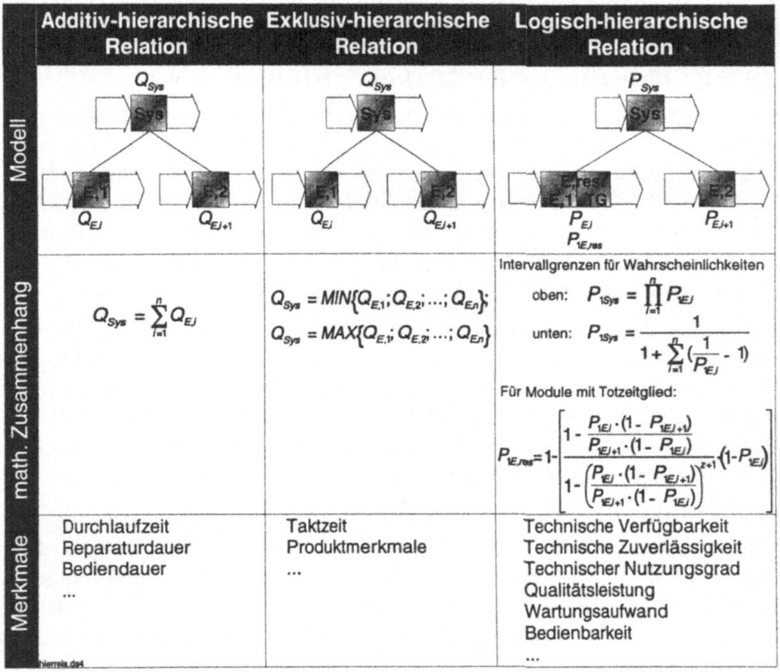

	Additiv-hierarchische Relation	Exklusiv-hierarchische Relation	Logisch-hierarchische Relation
Modell	Q_{Sys} Sys E,1 E,2 $Q_{E,l}$ $Q_{E,l+1}$	Q_{Sys} Sys E,1 E,2 $Q_{E,l}$ $Q_{E,l+1}$	P_{Sys} Sys E,res E,1 TG E,2 $P_{E,l}$ $P_{E,l+1}$ $P_{1E,res}$
math. Zusammenhang	$Q_{Sys} = \sum_{l=1}^{n} Q_{E,l}$	$Q_{Sys} = MIN\{Q_{E,1}; Q_{E,2}; \ldots; Q_{E,n}\}$; $Q_{Sys} = MAX\{Q_{E,1}; Q_{E,2}; \ldots; Q_{E,n}\}$	Intervallgrenzen für Wahrscheinlichkeiten oben: $P_{1Sys} = \prod_{l=1}^{n} P_{1E,l}$ unten: $P_{1Sys} = \frac{1}{1 + \sum_{l=1}^{n} (\frac{1}{P_{1E,l}} - 1)}$ Für Module mit Totzeitglied: $P_{1E,res} = 1 - \left[\frac{1 - \frac{P_{1E,l} \cdot (1 - P_{1E,l+1})}{P_{1E,l+1} \cdot (1 - P_{1E,l})}}{1 - \left(\frac{P_{1E,l} \cdot (1 - P_{1E,l+1})}{P_{1E,l+1} \cdot (1 - P_{1E,l})} \right)^{z+1}} \cdot (1 - P_{1E,l}) \right]$
Merkmale	Durchlaufzeit Reparaturdauer Bediendauer ...	Taktzeit Produktmerkmale ...	Technische Verfügbarkeit Technische Zuverlässigkeit Technischer Nutzungsgrad Qualitätsleistung Wartungsaufwand Bedienbarkeit ...

hierrela.ds4

Bild 5.19: Zusammenfassende Darstellung der mathematischen Beziehungen für die Merkmalsberechnungen im META-Plan.

Bild 5.19 zeigt weiterhin die Zuordnung zu häufig geforderten Merkmalen von Montagesystemen. Die Vorschriften können für die Abschätzung der aktuellen Qualitätsmerkmale auf Systemebene herangezogen werden[34].

---

[34] Bei der logisch-hierarchischen Relation ist zu beachten, daß die Vorschrift für Merkmale gilt, die die Wahrscheinlichkeit des eingetretenen Zustands darstellen. Bei Aussagen zum komplementären Zustand muß nach den Regeln der Wahrscheinlichkeitsrechnung mit dem Komplement gerechnet werden.

Exkurs:
Herleitung der Berechnungsvorschriften für logisch-hierarchische Relationen

Im Rahmen eines Exkurses sollen die komplexen Zusammenhänge dargelegt und die Berechnungsvorschriften der logisch-hierarchischen Relation hergeleitet werden. Die Herleitung basiert auf den Regeln für Markoff-Systeme (VDI-RICHTLINIE 4008 1986A) und muß an die Konzepte der Qualitätsmerkmale von Montagemodulen adaptiert werden.

Grundgedanke ist, daß an einem einzelnen Modul nacheinander zwei korrelierende Zustände auftreten können. Der eingetretene Zustand wird mit 1 und das Komplement dazu mit 0 bezeichnet. Mit Hilfe der als konstant vorauszusetzenden Übergangsraten ρ_{10} von Zustand 1 nach 0 sowie ρ_{01} vom Zustand 0 nach 1 und unter der Annahme, daß automatisierte Montagesysteme nach kurzer Zeit einen stationären Zustand erreichen (ZIERSCH 1985, S. 188), können die Zustandswahrscheinlichkeiten zu einem beliebigen Zeitpunkt t angegeben werden mit[35]:

$$P_1(t) = \frac{\rho_{01}}{\rho_{01} + \rho_{10}}; P_0(t) = 1 - P_1(t) = \frac{\rho_{10}}{\rho_{01} + \rho_{10}} \qquad 5.1$$

Ersetzt man hierin beispielsweise ρ_{10} durch die Ausfallrate λ und ρ_{01} durch die Reparaturrate μ ergibt sich die technische Verfügbarkeit V eines Montagemoduls (s. auch Formel 2.3). Gleichermaßen können auch Bedien- oder Wartungsraten eingesetzt und damit die Bedienbarkeit oder die Wartungstauglichkeit berechnet werden (vgl. VDMA 1996, S. 189).

Basierend auf diesen Grundüberlegungen erfolgt die Erweiterung auf ein **Aggregat mit zwei Montagemoduln**. An diesem System können insgesamt 4 Zustände eintreten. Folgende Voraussetzungen ermöglichen eine Lösung der zur Berechnung der Zustandswahrscheinlichkeiten aus dem Zustandsdiagramm entstehenden Differentialgleichungen:

- Der zukünftige Zustand des Aggregats ist nur vom gegenwärtigen Zustand, nicht aber von den vergangenen Zuständen abhängig (Gedächtnislosigkeit von Montagemoduln).
- Die Wahrscheinlichkeit für zwei oder mehr Zustandswechsel innerhalb eines Zeitintervalls Δt ist vernachlässigbar klein gegenüber der Wahrscheinlichkeit für einen oder keinen Zustandswechsel (zwei Moduln wechseln nicht gleichzeitig ihren Zustand, ein Modul wechselt nicht mehrmals seinen Zustand).

[35] Eine ausführliche Herleitung findet sich bei BITTER U.A. (1986, S. 138)

- Kein Zustand geht mit der Wahrscheinlichkeit 1 in sich selbst über und jeder Zustand kann von einem anderen erreicht werden (Irreduzibilität).
- Die Wahrscheinlichkeiten, mit denen sich das Aggregat in einem bestimmten Zustand befindet, sind konstant und für jeden Anfangszustand gleich (stationärer Zustand). Es gilt $P(t+\Delta t)=P(t)$.

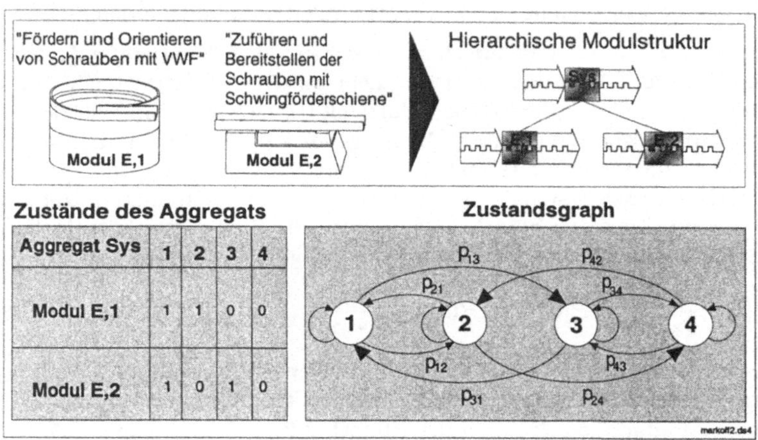

Bild 5.20: *Zustandsgraph und Zustände eines Aggregats bestehend aus zwei Montagemoduln.*

Im Zustandsgraph für die 4 möglichen Zustände gemäß Bild 5.20 werden nicht mehr die Übergangsraten ρ_{ij}, sondern die im Zeitintervall Δt geltenden Zustandsänderungswahrscheinlichkeiten p_{ij} angegeben[36]. Zur Bestimmung der Zustandswahrscheinlichkeiten P_{1Sys} bis P_{4Sys} des Systems wird die Wahrscheinlichkeitsbilanz aufgestellt. Gemäß der Vereinbarung eines Seriensystems ist der Zustand 1 des Gesamtsystems nur gegeben, wenn sich beide Moduln im Zustand 1 befinden. Dazu wird die Zustandswahrscheinlichkeit P_{1Sys} durch Lösung des linearen Gleichungssystems mit Hilfe der Cramerschen Regel und der zwei Matrixdeterminanten D und D1 berechnet:

$$P_{1Sys} = \frac{D1}{D} \tag{5.2}$$

mit:

[36] $p_{ij}(\Delta t)=\rho_{ij}\cdot\Delta t + O(\Delta t)$, wobei $O(\Delta t)$ ein vernachlässigbarer Ausdruck für eine Summe von Gliedern ist, in denen der Faktor Δt in höherer Potenz vorkommt.

$$\begin{aligned} D = & -p_{13} \cdot p_{21} \cdot (p_{42} + p_{43} + p_{34}) - p_{12} \cdot p_{31} \cdot (p_{43} + p_{42} + p_{24}) \\ & -p_{24} \cdot p_{43} \cdot (p_{13} + p_{12} + p_{31}) - p_{34} \cdot p_{42} \cdot (p_{13} + p_{12} + p_{21}) \\ & -p_{21} \cdot p_{31} \cdot (p_{42} + p_{43}) - p_{24} \cdot p_{34} \cdot (p_{12} + p_{13}) \\ D1 = & -[p_{34} \cdot p_{42} \cdot p_{21} + p_{31} \cdot p_{42} \cdot p_{21} + p_{43} \cdot p_{21} \cdot p_{31} + p_{43} \cdot p_{21} \cdot p_{31}] \end{aligned} \quad 5.3$$

Der entstehende Ausdruck läßt sich für P_{1Sys} unter Berücksichtigung folgender Annahmen bezüglich der tatsächlich Relationen zwischen den Montagemoduln vereinfachen. Die beiden Annahmen stellen dabei Extrempunkte dar, innerhalb derer das reale Verhalten der Montagesysteme liegt.

Annahme A: Die momentanen Zustände der anderen Module beeinträchtigen die Übergangswahrscheinlichkeiten eines Moduls nicht. Sie sind damit für alle Zustände des Systems gleich. Die **Module sind voneinander unabhängig**. Anschaulich ist beispielsweise die Notwendigkeit einer Bedienung eines Montagemoduls unabhängig davon, ob andere Module bereits bedient werden oder der Ausfall eines Montagemoduls auch dann möglich, wenn andere Module bereits gestört sind. Im Zustandsgraph in Bild 5.20 können dann die Übergangswahrscheinlichkeiten zwischen den Zuständen 3 und 4 mit den Übergangswahrscheinlichkeiten zwischen 1 und 2 gleichgesetzt werden. D1 und D lassen sich vereinfachen und schließlich P_{1Sys} nur mehr als Funktion der Zustandswahrscheinlichkeiten der Elemente $P_{1E,1}$ und $P_{1E,2}$ angeben:

$$P_{1Sys} = P_{1E,1} \cdot P_{1E,2} \quad 5.4$$

Annahme B: Der Übergang eines Moduls in den Zustand 0 ist unwahrscheinlich, wenn das gesamte System bereits im Zustand 0 ist. Die **Module sind voneinander abhängig.** Diese Annahme bedeutet beispielsweise, daß kein Modul in den Störungszustand wechselt, wenn ein anderes Modul bereits ausgefallen ist. Mit der Voraussetzung sind die Übergangswahrscheinlichkeiten p_{24} und p_{34} gegenüber den anderen vernachlässigbar. Es ergibt sich für P_{1Sys}:

$$P_{1Sys} = \frac{1}{1 + \left(\frac{1}{P_{1E,1}} - 1\right) + \left(\frac{1}{P_{1E,2}} - 1\right)} \quad 5.5$$

Für den speziellen Fall der Verfügbarkeit von Werkzeugmaschinen erweitert REITHOFER (1987, S. 25FF) diese Zusammenhänge auf ein **Aggregat mit einer beliebigen Anzahl von Elementen**. Er zeigt, daß P_{1Sys} nach Formel 5.4 und P_{1Sys} nach Formel 5.5 obere und untere Schranke der Zustandswahrscheinlichkeiten für Seriensysteme darstellen.

Markoff-Regeln können auf die unterschiedlichsten Qualitätsverhaltensweisen angewandt werden, die auf Wahrscheinlichkeitsaussagen beruhen (BITTER U.A 1986, S. 137). Daher werden unter Beibehaltung der Annahmen A und B diese Betrachtungen übernommen und verallgemeinert. Da, wie bereits erwähnt, eine eindeutige Zuordnung des Systemverhaltens zu den Annahmen A und B nicht möglich ist, wird in der qualitätsorientierten Montagesystementwicklung mit Intervallgrenzen gearbeitet, innerhalb derer das reale Merkmal zu erwarten ist. Die Schranken werden wie folgt berechnet.

Obere Intervallgrenze: $$P_{1Sys} = \prod_{i=1}^{n} P_{E,i} \tag{5.6}$$

Untere Intervallgrenze: $$P_{1Sys} = \frac{1}{1 + \sum_{i=1}^{n} \left(\frac{1}{P_{1E,i}} - 1\right)} \tag{5.7}$$

In den bisherigen Betrachtungen konnten puffernde Verkettungselemente des Montagesystems nicht miteinbezogen werden. Diese sind insbesondere bei Zuführkomponenten Bestandteile der Montagemodule und beeinflussen zahlreiche Qualitätsmerkmale von Montagesystemen. Zur Erarbeitung einer Rechenvorschrift für den META-Plan werden Montagemodule mit Totzeitgliedern definiert, die in das Markoff-Modell eingebunden werden (s. Bild 5.21). Die **logisch-hierarchische Relation mit Totzeitglied** ermöglicht die frühzeitige Prognose des Nutzungsgrads und der Mengenleistung einer elastisch verketteten Montageanlage.

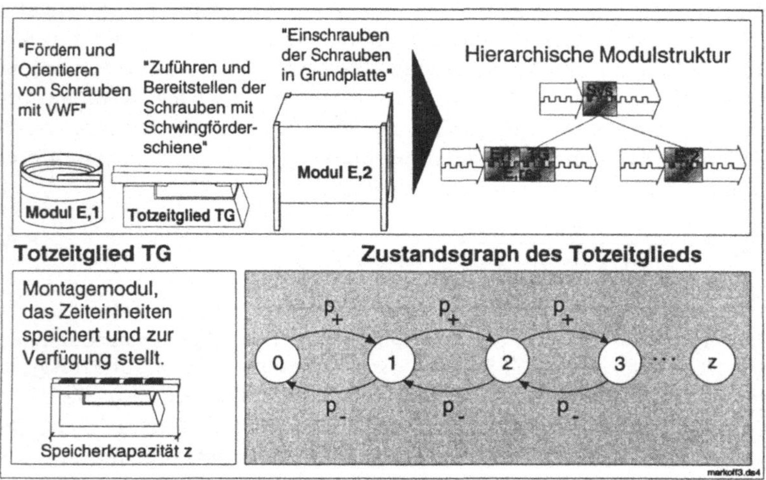

Bild 5.21: Modellbildung unter Verwendung von Totzeitgliedern, Zustandsgraph des Totzeitglieds.

Der Zustand des Teilmoduls E,res hängt neben der Zustandswahrscheinlichkeit des Moduls E,1 von der Zustandswahrscheinlichkeit des Totzeitglieds (TG) ab. Das TG besitzt eine Speicherkapazität z, die die Anzahl maximal speicherbarer Zeiteinheiten in normierten Zeiteinheiten vorgibt[37]. Die Anzahl gespeicherter Zeiteinheiten des TG verändert sich in Abhängigkeit der Zustandswahrscheinlichkeiten der vor- und nachgeschalteten Module E,1 und E,2:

Zunahme: $p_{+} = P_{1E,1} \cdot P_{0E,2} = P_{1E,1} \cdot (1 - P_{1E,2})$ 5.8

Abnahme: $p_{-} = P_{0E,1} \cdot P_{1E,2} = P_{1E,2} \cdot (1 - P_{1E,1})$

Das TG befindet sich im Zustand 0, wenn keine Zeiteinheit mehr zur Verfügung steht, im Zustand 1, wenn genau eine Zeiteinheit noch zur Verfügung steht usw. Aus dem Zustandsgraph für diese Zustände mit den Übergangswahrscheinlichkeiten p_+ und p_- läßt sich die Wahrscheinlichkeit für den Zustand 1 angeben mit:

$$P_{1TG} = \frac{p_{+}}{p_{-}} P_{0TG} \tag{5.9}$$

Für jeden beliebigen weiteren Zustand i+1<z beträgt die Wahrscheinlichkeit

$$P_{i+1TG} = \frac{p_{+} - p_{-}}{p_{-}} P_{iTG} - \frac{p_{+}}{p_{-}} P_{i-1TG} \tag{5.10}$$

woraus sich unter Verwendung der allgemeinen Regeln der Wahrscheinlichkeitsrechnung die Wahrscheinlichkeit für Zustand 0 herleiten läßt zu:

$$P_{0TG} = \frac{1 - \frac{p_{+}}{p_{-}}}{1 - \left(\frac{p_{+}}{p_{-}}\right)^{z+1}} \tag{5.11}$$

Das Modul E,res befindet sich genau dann in Zustand 0 wenn das Totzeitglied und das Modul E,1 in Zustand 0 ist. Daraus folgt die Zustandswahrscheinlichkeit $P_{1E,res}$ für Zustand 1:

$$P_{1E,res} = 1 - P_{0E,res} = 1 - (P_{0TG} \cdot P_{0E,1}) = 1 - [P_{0TG} \cdot (1 - P_{1E,1})] \tag{5.12}$$

[37] Für Störungspuffer kann die Kapazität beispielsweise angegeben werden zu: $z = n(t_T/MTTR_{E,1})$ (vgl. HESSE 1993, S. 210) mit
n: Pufferplätze; t_T, $MTTR_{E,1}$: Taktzeit, Ausfalldauer der vorgeschalteten Komponente.

Mit dieser Zustandswahrscheinlichkeit des resultierenden Teilmoduls läßt sich nun mit Hilfe der Formeln 5.6 und 5.7 die Zustandswahrscheinlichkeit für Aggregate mit Totzeitgliedern berechnen.

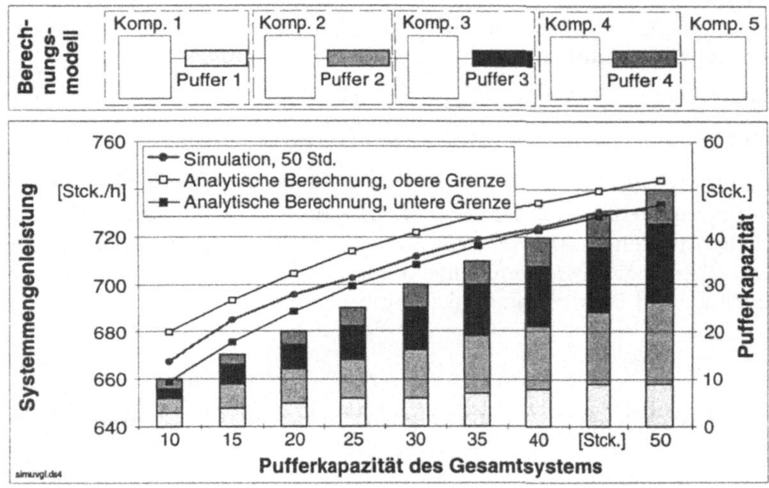

Bild 5.22: Simulation und analytische Berechnung der Mengenleistung eines Montagesystems im Vergleich.

Zu einer exemplarischen Verifikation der Algorithmen soll für ein logisches Seriensystem mit 5 Komponenten und 4 Zwischenpuffer die Mengenleistung berechnet und mit den Ergebnissen einer Ablaufsimulation[38] verglichen werden. Die Herleitung der Algorithmen basiert auf der Annahme eines eingeschwungenen, stationären Systemzustands, der mit einem Simulationszeitraum von 50 Std. auch der Simulation zugrunde gelegt wurde. Weiterhin wurden identische Verteilungsformen für Störabstand und Stördauern angenommen (negative Exponentialverteilung). Zur Überprüfung der Güte der Algorithmen bei verschiedenen Systemparametern wurde beispielhaft die Gesamtpufferkapazität variiert.

Bild 5.22 zeigt die Ergebnisse in Abhängigkeit der Gesamtpufferkapazität im Vergleich. Die Simulationsergebnisse (graue Linie) liegen im Schnitt 0,8% unterhalb der analytisch ermittelten Intervallmitte zwischen unterer und oberer Grenze, die mittels der hergeleiteten Formeln errechnet wurden. Die Genauigkeit der Algorithmen kann daher für eine

[38] Die Ablaufsimulation wurde mit dem Simulator WITNESS 7.0 durchgeführt.

planerische Überschlagsrechnung von Qualitätsmerkmalen als ausreichend betrachtet werden[39] .

Ende des Exkurses von Seite 99

AS 5.4 - Bewertung der Fähigkeit virtueller Montagemodule

Vor Beginn der Realisierungsphase erfolgt die Darstellung der Fähigkeit der Montagemodule. Die Fähigkeit berechnet sich in den Planungsphasen der Entwicklungsmethode als Quotient von Istwert zu Sollwert. Die Bewertung der Fähigkeit kann in allen Hierarchieebenen der Montagemodule erfolgen und dient zu diesem Zeitpunkt vorrangig der zusammenfassenden Informationsdarstellung.

Aus wirtschaftlichen Überlegungen liegt der **anzustrebende Fähigkeitswert** bei 1. Ein Wert größer eins indiziert die Übererfüllung des Merkmals, die nur bei Merkmalen in den rechten Quadranten des Portfolio (s. Schritt 1.5) sinnvoll ist oder falls dies eine in Schritt 1.1 explizit vorgebrachte Forderung des Systembetreibers ist (z.B. übliche Forderungen der Prozeßfähigkeit). Werte kleiner eins zeigen eine Untererfüllung auf, die aufgrund der hier vertretenen Qualitätsphilosophie und Kundenorientierung grundsätzlich zu vermeiden sind.

Die Fähigkeitswerte auf Systemebene werden merkmalsbezogen in den Feldern des *META-Plans Qualitätsmerkmale* festgehalten (s. Bild 5.9). Modulbezogen können die Fähigkeitswerte der zugeordneten Merkmale grafisch dargestellt bzw. über das Skalarprodukt aus Fähigkeitswerten und Merkmalsgewicht ein Gesamtfähigkeitswert gebildet und im Feld „Bewertung der Fähigkeit“ des META-Plans eingetragen werden (s. Bild 5.18).

Für qualitative Merkmale läßt sich die Methode der Bestimmung des Arbeitssystemwerts z.B. nach BULLINGER (1986, S. 193FF) einsetzen. Voraussetzungen hierzu, wie Definition und Gewichtung der Bewertungskriterien, sind durch die bisherigen Arbeitsschritte bereits erfüllt. Die Moduln werden hinsichtlich ihrer zugeordneten Merkmale und deren Erfüllungsgrade zwischen 0 und 1 bewertet. Damit können auch qualitative Merkmals in die grafische Darstellung mitaufgenommen werden.

---

39 Eine weitere Überprüfung der Algorithmen anhand der Bedienbarkeit und ein Vergleich mit der realen Bedienbarkeit eines Montagesystems bestätigen diese Genauigkeit (VDMA 1996, S. 202).

AS 5.5 - Festlegen der Maßnahmen für die Realisierungsphase

Im Rahmen der bisherigen Arbeitsschritte wurden eine Vielzahl möglicher Maßnahmen für die Umsetzung der geplanten Montagemodule erarbeitet. In diesem Schritt erfolgt die Auswahl und Festlegung für das weitere Vorgehen. Aufgrund der hohen Kostenverantwortlichkeit einzelner Maßnahmen ist der Schritt mit allen Projektbeteiligten abzustimmen (s. Abschnitt 6.3 „Abwicklung von Entwicklungsprojekten").

5.3.3 Modulrealisierung

5.3.3.1 Inhalt der Modulrealisierung

In dieser Phase werden die Aktivitäten zur Realisierung der Module zugeordnet, geplant, die Durchführung überwacht und die umgesetzten Teilmodule bewertet.

Grundlage sind die Teilmodule der **Modulgestaltung**, denen im **META-Plan Realisierungsschritte** die Vorgänge zur Ausgestaltung und Umsetzung zugeordnet werden. Die Realisierungsschritte kritischer Montagemodule werden hinsichtlich potentieller Fehler analysiert.

Die erarbeiteten Realisierungsvorgänge werden im folgenden Schritt durchgeführt und die funktionsfähigen Teilsysteme im **META-Plan Montagemodule (real)** eingetragen. Im Rahmen von Vorprüfungen werden Tests durchgeführt und die Fähigkeit des Gesamtsystems prognostiziert.

5.3.3.2 META-Plan Realisierungsschritte

Ziel dieser Entwicklungsstufe ist es, die Abläufe zur Umsetzung der Planungsvorgaben hinsichtlich ihrer Einflußstärke auf die geforderten Qualitätsmerkmale zu analysieren und Konsequenzen wie z.B. vorgezogene Inbetriebnahmen, Beschaffungsaktivitäten oder die Einbindung kompetenter Dienstleister oder sonstiger externer Ressourcen zu veranlassen. Die Arbeitsschritte des *META-Plans Realisierungsschritte* zeigt Bild 5.23.

AS 6.1 - Definition der Realisierungsschritte

Realisierungsschritte sind technische und nicht-technische Vorgänge zur Fertigung, Montage, Inbetriebnahme und Abnahme der Montagemodule. Darunter fallen die Einbindung weiterer Unterlieferanten und die Auslösung der Beschaffung einzelner Betriebsmittelkomponenten durch Formulierung von Lastenheften, die Erstellung von Fertigungszeichnungen und -aufträgen, die Programmierung der Steuerung, der Zusammenbau der Komponenten oder die Anfertigung von Prüfanweisungen und Durchführung der Qualitätskontrollen in der Fertigung. Die Vorgänge tragen wesentlich zur Realisierungsqualität des technischen Systems bei (vgl. Abschn. 2.4.2), wodurch deren Planung und Überwachung in den Verantwortungsbereich der qualitätsorientierten Montagesystementwicklung eingehen muß.

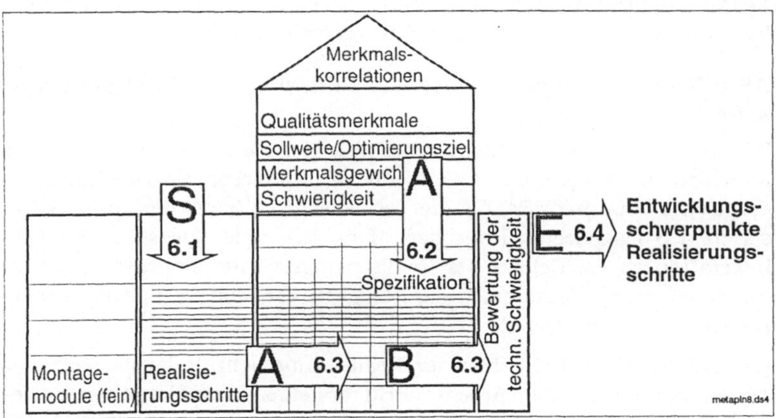

Bild 5.23: Arbeitsschritte und Darstellung im META-Plan Realisierungsschritte.

Im META-Plan werden modulspezifisch die erforderlichen Vorgänge aufgelistet. Die modulspezifische Zuordnung ist ein entscheidender Schritt zur aufwandsminimalen Planung und Steuerung der Realisierung und wird ebenfalls von EVERSHEIM (1990, S. 73) im Rahmen einer Planungsmethodik zur Inbetriebnahme komplexer Maschinen und Anlagen vorgeschlagen. Die Auflistung der Schritte wird gemäß einem Prozeßablaufplan gegliedert. Die detaillierte Fertigungsplanung (Personal-, Kapazitätsplanung, Materialdisposition, etc.) innerhalb der Arbeitsvorbereitung des Systemherstellers kann auf Basis der Definitionen erstellt werden.

AS 6.2 - Herleitung der Spezifikationen für die Realisierungsschritte

Inhalt dieses Schrittes ist die Konkretisierung der Einzelmerkmale für die Montagemodule und die Darlegung der Realisierungsspezifikationen, die wiederum aus den Kundenforderungen abzuleiten sind und im Merkmalsbaum angeknüpft werden. Hierbei gilt bei entsprechend erarbeiteter Kritizität des Merkmals und des Montagemoduls, je besser und detaillierter die Spezifikationen, möglicherweise bereits mit quantifizierbaren Parametern, definiert werden, desto genauer können auch die Anforderungen an die Montagemodule erfüllt werden. So läßt sich beispielsweise bei aus dem Qualitätsmerkmal „Störbehebungsdauer“ und der Optimierungsrichtung „minimieren“, die Maßgabe für die Gestaltung einer Zuführschiene „Öffnungszeit der Schienenabdeckung < 5 sec.“ ableiten und als konkrete Spezifikation formulieren. Auf Basis der Spezifikationseinträge im META-Plan erfolgt die Überwachung der Realisierungsschritte durch den Projektverantwortlichen.

AS 6.3 - Qualitative Analyse der Fähigkeit der Realisierungsschritte

Die Grundlagen zur qualitativen Analyse der Fähigkeit wurden bereits in Schritt 4.6 dargelegt. Als Werkzeug wird in diesem Entwicklungsstadium eine Prozeß-FMEA für die Realisierungsschritte der im Arbeitsschritt 4.5 festgelegten kritischen Montagemodule eingesetzt. Ziel der Integration ist es, Defizite der Realisierungsschritte zu erarbeiten und durch geeignete Maßnahmen die Fähigkeit der Montagemodule sicherzustellen (vgl. Schritt 4.6).

Die zu betrachtenden Fehler der Realisierungsschritte lassen sich auf die im vorhergehenden Arbeitsschritt erstellten Spezifikationen beziehen, die Fehlerfolgen auf die verknüpften Merkmale der Montagemodule. Jede Fehlerkausalität wird hinsichtlich ihres Risikos bewertet. Die RPZ der Realisierungsschritte charakterisiert die **Schwierigkeit der Realisierungsschritte** und wird in das Bewertungsfeld des META-Plans übernommen.

AS 6.4 - Setzen von Realisierungsschwerpunkten

In Analogie zu Schritt 4.5 werden kritische Realisierungsschritte festgelegt. Hierzu wird in Formel 5.2 die technische Schwierigkeit des Montagemoduls m_s durch die RPZ der Prozeß-FMEA ersetzt. Ergebnis sind Schwerpunkte im Prozeßablaufplan, die in Bezug auf die geforderten Qualitätsmerkmale des Montagesystems zu beachten sind. Die Maßnahmen, die im Rahmen der FMEA erarbeitet wurden, werden detailliert und in die Aufträge an die herstellerinternen Abteilungen wie Betriebsmittelbau und Elektrokonstruktion oder in das Lastenheft für zu beschaffende Module übernommen.

5.3.3.3 META-Plan Montagemodule (real)

Inhalt der Entwicklungsstufe ist die Verfolgung der Modulrealisierung. Nach Fertigstellung werden Tests an kritischen Montagemodulen zur

Überprüfung der Merkmalserfüllung durchgeführt und Maßnahmen für die Moduloptimierung erarbeitet. Die Arbeitsschritte und Darstellungen im *META-Plan Montagemodule (real)* zeigt Bild 5.24.

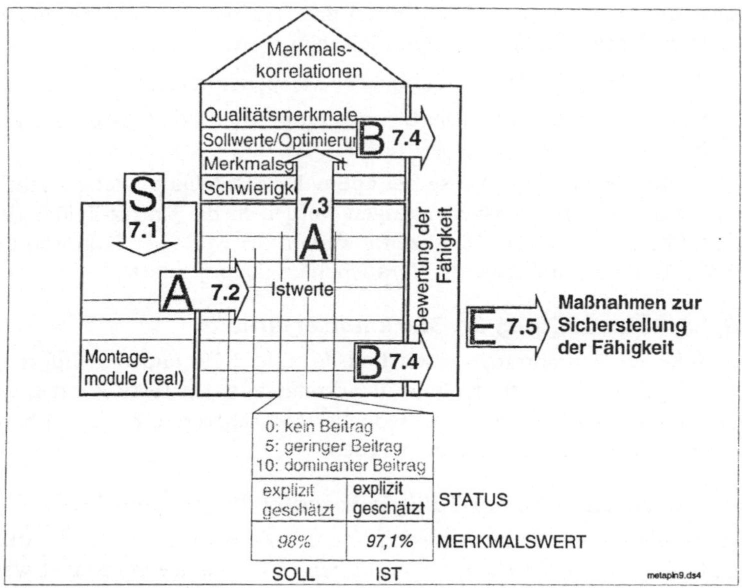

Bild 5.24: Arbeitsschritte und Darstellung im META-Plan Montagemodule (real).

AS 7.1 - Durchführung der Modulrealisierung

Der Arbeitsschritt enthält im wesentlichen Aufgaben der Arbeitssteuerung des Montagesystemherstellers. Aufbauend auf den Ergebnissen des *META-Plans Realisierungsschritte* erfolgt die Fertigungs-, Montage-, Prüf- und Inbetriebnahmeplanung. Die Durchführung der Schritte wird veranlaßt, überwacht und die Einhaltung der Spezifikationen sichergestellt. Aufgrund der hohen Störhäufigkeit und der zum Teil geringen Planungsgenauigkeit kommen den Aufgaben der Überwachung und Sicherung eine besondere Bedeutung zu (EVERSHEIM 1990, S. 71). Für die Planung des Überwachungsbedarfs schlägt EVERSHEIM (1989, S. 120) weiterhin die FMEA als vorbereitende Methode vor, wodurch die in Schritt 6.3 erarbeiteten Ergebnisse effizient wiederverwendet werden können.

AS 7.2 - Test und Optimierung realer Montagemodule

Nach Abschluß der Realisierungsphase erfolgt in Analogie zu Schritt 5.2 der Test kritischer Teilmodule. Hierbei wird zur Effizienzsteigerung die Durchführung erster Dauertests funktionsfähiger Montagekomponenten wie Antriebseinheiten, Bereitstellungs-, Zuführkomponenten oder Basiskomponenten methodisch durch das DoE unterstützt. Erweiternd zu der in Schritt 5.2 aufgeführten Zielsetzung wird

- die aufwandsminimale Justage der Komponenten sowie
- eine statistisch abgesicherte und reproduzierbare Einstellung von Prozeßparametern

angestrebt. Die Testergebnisse bei optimaler Einstellung oder realitätsnah simulierten Betriebsbedingungen werden in die Matrix-Felder des META-Plans übertragen. Gleichzeitig werden die Werte der Faktoren bei der Versuchsdurchführung im Versuchsplan dokumentiert.

AS 7.3 - Überprüfung der Merkmalserfüllung

Mit Hilfe der Berechnungsvorschriften (s. Bild 5.19) und den Informationen über die Istwerte der Modulmerkmale aus den Tests können die Qualitätsmerkmale für unterschiedliche Modulaggregate bis zur Ebene des Gesamtsystems abgeschätzt werden.

AS 7.4 - Bewertung der Fähigkeit realer Montagemodule

Die Bewertung der Fähigkeit erfolgt analog zu Schritt 5.4. Es können bereits reale Fähigkeitskennzahlen einzelner Teilmodule berechnet werden, falls im Rahmen der Tests ein kontinuierlicher Betrieb des betreffenden Montagemoduls möglich war. Zur Berechnung der Fähigkeitskennzahlen mit realen Daten wird auf Schritt 8.2 verwiesen.

AS 7.5 - Festlegen der Maßnahmen für die Optimierung

Auf Basis der konkreten Kenntnis des Betriebsverhaltens einzelner Komponenten lassen sich Verluste durch mangelhaftes Qualitätsverhalten der Komponenten den eventuellen Aufwendungen durch Nachbesserungen gegenüberstellen. Berechnungen über abbildbare Einfluß-Wirkungszusammenhänge können dabei auf Teilmodulebene angestellt werden und über die Zusammenhänge im META-Plan auf Systemebene hochgerechnet werden. Ergebnis des Schrittes sind unter eines vertretbaren Aufwand-Nutzen-Verhältnisses erarbeitete Optimierungsmaßnahmen, die mit allen Beteiligten abgestimmt und im weiteren Vorgehen umzusetzen sind.

5.3.4 Moduloptimierung

5.3.4.1 Inhalt der Moduloptimierung

Inhalt der Moduloptimierung ist der Aufbau des Gesamtsystem aus den Teilmodulen gemäß der Ablaufbeschreibung der Inbetriebnahmeplanung. Je nach Projektsituation und Kundenforderung erfolgt die Erstinbetriebnahme beim Systemhersteller, der die Phase der Optimierung als wichtige Wissensquelle über das reale Qualitätsverhalten nutzen kann.

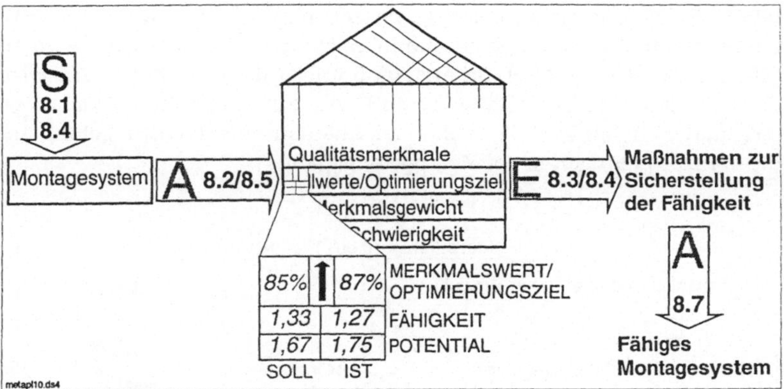

Bild 5.25: Arbeitsschritte und Darstellung im META-Plan Montagesystem.

Im Anschluß an die Optimierung und Bewertung folgt die Deinstallation und Installation des Systems am endgültigen Bestimmungsort. Mit der Überwachung und Regelung kritischer Merkmale in der Betriebsphase endet die qualitätsorientierte Montagesystementwicklung. Die Optimierungsphase wird durch den **META-Plan Montagesystem** dokumentiert.

5.3.4.2 META-Plan Montagesystem

Ziel der Entwicklungsstufe ist es, die realen Ergebnisse des Montagesystems zu erfassen, zu dokumentieren und auf Basis von Soll-/Ist-Abweichungen letzte Verbesserungsmaßnahmen auszulösen. Bild 5.25 zeigt die Arbeitsschritte innerhalb des *META-Plans Montagesystem*.

AS 8.1 - Aufbau und Inbetriebnahme des Gesamtsystems

In diesem Syntheseschritt sind alle Aktivitäten zusammengefaßt, die sich mit der Inbetriebnahme des Gesamtsystems auseinandersetzen. Hierzu zählen die Konfiguration und Justage der mechanischen Komponenten, die Installation elektrischer und pneumatischer Komponenten, die Kalibrierung der Meß- und Überwachungseinheiten sowie die Integration der Steuerungsprogramme für den Gesamtablauf. Der Schritt endet mit dem Nachweis der Funktionsfähigkeit der Montageanlage entsprechend der funktionalen Anforderungen des Lastenhefts.

AS 8.2 - Quantitative Analyse der Fähigkeit des Gesamtsystems

Ist die Funktionsfähigkeit nachgewiesen, muß das Montagesystem zunächst nach sicherheitstechnischen Gesichtspunkten überprüft werden (BULLINGER 1986, S. 326). Im Anschluß erfolgt die quantitative Analyse der Fähigkeit des Gesamtsystems in Bezug auf ausgewählte Qualitätsmerkmale. Hierzu wird die Methode der statistischen Prozeßregelung an die Voraussetzungen in der Montage angepaßt.

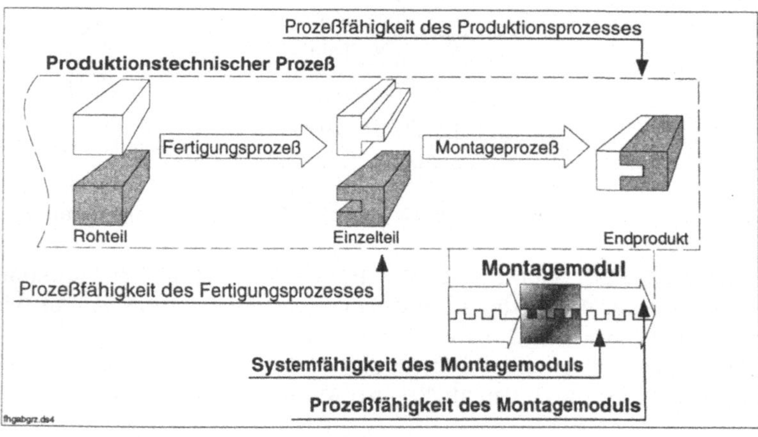

Bild 5.26: Abgrenzung der System- und Prozeßfähigkeit.

Die Schrittfolge zur Durchführung der quantitativen Fähigkeitsanalyse wurde bereits in Bild 5.6 dargestellt. Der Schwerpunkt der folgenden Erläuterungen liegt auf dem Bewertungsteilschritt „Berechnung der Fähigkeitskennzahlen". Weitere Schritte werden im Arbeitsschritt 8.7 erörtert, da der Fokus dort auf der Visualisierung und Beurteilung der Qualitätsmerkmale mittels Zeitreihen liegt. Dennoch muß die vollständige Schrittfolge gemäß Bild 5.6 auch in diesem Arbeitsschritt durchgeführt werden.

Bild 5.26 zeigt die Differenzierung der Fähigkeitsnachweise für Output- und Modulmerkmale. Wird der Fähigkeitsnachweis an Outputmerkmalen (Prozeß- oder Produktmerkmale) durchgeführt, entspricht dies der **Bewertung der Prozeßfähigkeit** des Montagemoduls bzw. des vollständigen Produktionsprozesses. Bilden hingegen Modulmerkmale wie Mengenleistung, Verfügbarkeit o. ä. die Grundlage des Fähigkeitsnachweises, entspricht dies der **Bewertung der Systemfähigkeit** des Montagemoduls. Zur Berechnung von Systemfähigkeitskennwerten wird im Rahmen des folgenden Exkurses die Theorie der Prozeßfähigkeit auf die statistischen Charakteristika der Modulmerkmale adaptiert.

Exkurs:
Ermittlung und Nachweis der Systemfähigkeit von Montagesystemen

Die **Systemfähigkeit** bewertet das Montagemodul als Element des Produktionsprozesses und dessen Umgebung. Ziel des Systemfähigkeitsnachweises ist es, Modulmerkmale über einen definierten Zeitraum zu messen und neben der Einhaltung eines Zielwerts die zeitliche Stabilität des Montagesystems und damit die Kompensationseignung gegenüber Störeinflüssen zu beurteilen. In Kapitel 2 wurde die Wirkung stochastischer Einflüsse auf das Zeitverhalten von Qualitätsmerkmalen beispielhaft dargestellt (vgl. z.B. Bild 2.18). Die Kennzahlen bewerten das Verhalten eines Montagesystem unter Wirkung dieser Einflüsse und sind damit ein wesentlicher Qualitäts- und Vergleichsmaßstab, der in bisherigen Planungs- und Bewertungsmethoden keinen Eingang findet.

In Analogie zu den Prozeßfähigkeitskennzahlen (s. Bild 3.10) wird das Systempotential und die Systemfähigkeit eingeführt. Das **Systempotential P_s** vergleicht die beste Leistung, die ein Montagemodul erbringt, mit dem Zielwert. Die **Systemfähigkeit P_{sk}** beurteilt die kontinuierlich erbrachte Leistung durch Vergleich des Abstands zwischen Mittelwert und Zielwert mit der Streubreite des Merkmals. In Bild 5.27 sind die Bestimmungsvorschriften in Abhängigkeit der in Schritt 1.2 formulierten Optimierungsziele der Modulmerkmale dargestellt. Der Berechnung des Mittelwerts der größten bzw. kleinsten Werte[40] zur Beurteilung des Systempotentials liegt die Annahme zugrunde, daß innerhalb eines Beobachtungsintervalls ein Montagemodul Ergebnisse liefert, bei denen äußere Einflüsse nicht vorhanden waren bzw. durch das System opti-

[40] Die Anlagenuntersuchungen haben dabei gezeigt, daß die Mittelwertbildung über 3-5 beste Werte zur Charakterisierung des kurzfristigen Anlagenpotentials ausreichen.

mal kompensiert wurden. Diese Ergebnisse beschreiben die bestmögliche Leistung eines Montagemoduls.

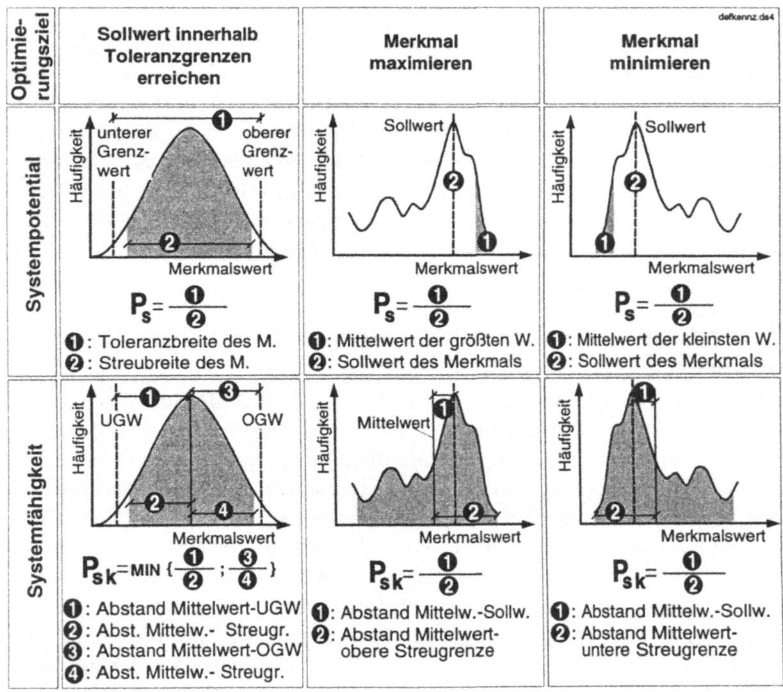

Bild 5.27: Definition der Systemfähigkeitskennzahlen.

Für die Berechnung der Kennzahlen werden die Modulmerkmale mit statistischen Parametern beschrieben. Dazu sind der Grundgesamtheit (Betriebsdauer des Montagesystems) Stichproben (zufällig ausgewählte, abgegrenzte Teilmengen) zu entnehmen. Elemente der Stichprobe sind Störereignisse, Produkte, Arbeitszyklen und Tätigkeiten, die durch Zuweisung zu einer vom Merkmal abhängigen Kardinalskala quantifiziert werden.

Die **Strategie der Stichprobennahme** sowie der Stichprobenumfang ist durch die statistische Verteilungsform der Merkmalsausprägungen begründet[41]. In der Literatur sind dazu Verfahren beschrieben, die in Ab-

[41] Weitere Kritieren sind wirtschaftliche Aspekte, vermutete Einflußzyklen und technische Randbedingungen, die jedoch nicht allgemeingültig vorgegeben werden können.

hängigkeit der Verteilungsform und einer Vertrauenswahrscheinlichkeit den notwendigen Stichprobenumfang bestimmen (z.B. HARTUNG U.A. 1995, S. 181). In Bild 5.29 sind für die wesentlichen Modulmerkmale die Entnahmestrategien und der Stichprobenumfang angegeben. Die zugrundeliegenden Verteilungsformen der Modulmerkmale wurden im Rahmen der Untersuchungen der Montagesysteme (s. Abschn. 2.4.1) nachgewiesen und sind in Bild 5.28 dargestellt (vgl. auch VDMA 1996, S. 166).

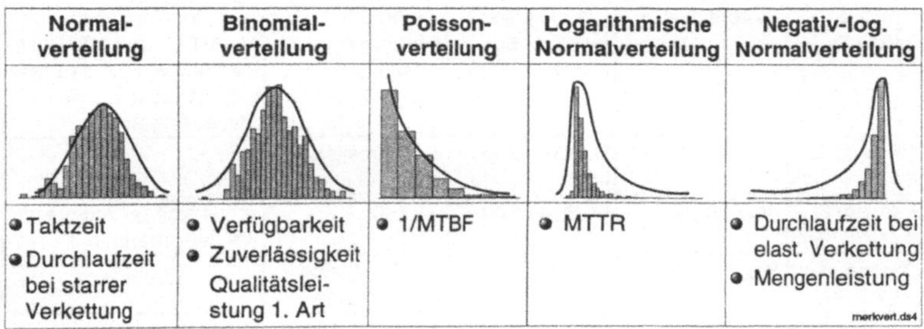

Bild 5.28: Statistische Verteilungsformen und empirisch ermittelte Zuordnung von Modulmerkmalen (Datenbasis: Montagesysteme und Untersuchungszeiten gemäß Bild 2.9, S. 21).

Zur **Berechnung der statistischen Parameter** Mittelwert und Streubreite der Merkmale werden die in der Standardliteratur (HARTUNG U.A. 1995) angegebenen Formeln verwendet. Die Streubreite wird für annähernd normalverteilte Merkmale mit der Standardabweichung und deren Vielfache quantifiziert, für beliebige Verteilungen über den Quantilsabstand (HARTUNG U.A. 1995, S. 34).

In Abschnitt 3.3.2.4 wurde der 6s-Bereich (Bereich mit 99,73 % aller Prozeßergebnisse) als allgemein anerkannte, charakteristische Streubreite fertigungstechnischer Prozesse genannt. Grundlage dieses empirisch definierten Bereichs ist die **Unterscheidung zwischen der aktuellen und optimalen Prozeßleistung**, die nur auf Basis einer ausreichenden Datenbasis bestimmt werden kann (JURAN 1993, S. 285). Für Fertigungsprozesse hat sich dieser Bereich wiederholt bestätigt. Für die Ermittlung der **charakteristischen Streubreite der Modulmerkmale** automatisierter Montagesysteme wurde im Rahmen der Systemuntersuchungen der vorliegenden Arbeit eine erste Datenbasis geschaffen, um ebenfalls zwischen der aktuellen und der optimalen Systemleistung differenzieren zu können. Aufgrund der Beobachtungen der Einflußwirkung und der dabei ermittelten Systemergebnisse wird als charakteristische Streubreite für das hier betrachtete Anlagenspektrum der **2s-**

Bereich (68,26 % bzw. Bereich vom 15,87 % -Quantil bis zum 84,04 % - Quantil der erbrachten Systemergebnisse) festgelegt[42].

Modul-merkmal	Grundge-samtheit	Entnahme-strategie	Stichproben-umfang	Bemerkung
Zuverlässig-keit	Störereignisse	Kontinuier-lich[43], (> 100 Ereig-nisse)	> 5-10 Stör-ereignisse,	Grundlage sind die Ver-trauensgrenzen (α=0,95) für die Ermittlung von MTBF und MTTR (vgl. BIROLINI 1991, S. 236)
Verfüg-barkeit	Störereignisse	Kontinuierlich, (> 100 Ereig-nisse)	> 5-10 Stör-ereignisse, > 1Std.,	Basis für die Ermittlung von MTBF und MTTR ist die minimale Erfassungs-zeit, die nicht unter einer Stunde liegen soll.
Taktzeit	Arbeitszyklen	Diskontinuier-lich[44]	5-10 Arbeitszy-klen,	
Mengen-leistung	Arbeitszyklen	Kontinuierlich,	> 1 Std.,	richtet sich nach der An-wenderforderung
Durchlaufzeit	Produkte	Diskontinuier-lich	3-5 Durchläufe von Produkten	
Qualitäts-leistung	Produkte	Diskontinuier-lich	> 100 Produkte	richtet sich nach dem Stichprobenumfang zur Durchführung eines sta-tistischen Test über den Parameter p einer Bino-mialverteilung

Bild 5.29: Strategien für Stichprobennahmen bei Modulmerkmalen.

Bild 5.30 zeigt für diesen gewählten Bereich, dessen Praxistauglichkeit bereits in mehreren Systembewertungen nachgewiesen werden konnte (VDMA 1996, S. 175), eine **Sensitivitätsanalyse** gegenüber Mittelwert und Streuung der vorläufigen Fähigkeitskennzahl am Beispiel des Modulmerkmals „Verfügbarkeit".

- Eine Unterschreitung des Sollwerts durch die Merkmalslage führt zu einem negativen Fähigkeitswert.
- Eine große Streuung der Ergebniswerte deutet auf eine mangelnde Kompensationseigenschaft des Montagesystems bzw. auf die Wirkung kritischer und nicht vollständig kompensierbarer Ursachen

---

[42] Das bedeutet, daß bei einem c_{pk} = 1 beispielsweise in einer 8-Stunden-Schicht die geforderte Mengenleistung eines Montagesystems in 3 Stundenintervallen aufgrund von Störungen nicht erreicht wird.

[43] Zerlegung eines zusammenhängenden Beobachtungszeitraums in gleichlange Zeitintervalle, die jede für sich betrachtet eine Stichprobe darstellen.

[44] Entnahme einer abgegrenzten Stichprobe in konstanten Zeitabständen.

hin. Die Kennzahl nimmt auch bei einer deutlichen Überschreitung des Sollwerts, Werte nur geringfügig größer 0 an.

- Ist die Streuung minimal, wodurch ein gleichmäßiger stabiler Lauf des Montagesystems nachgewiesen wird, erreicht die Systemfähigkeit Werte deutlich größer 1.

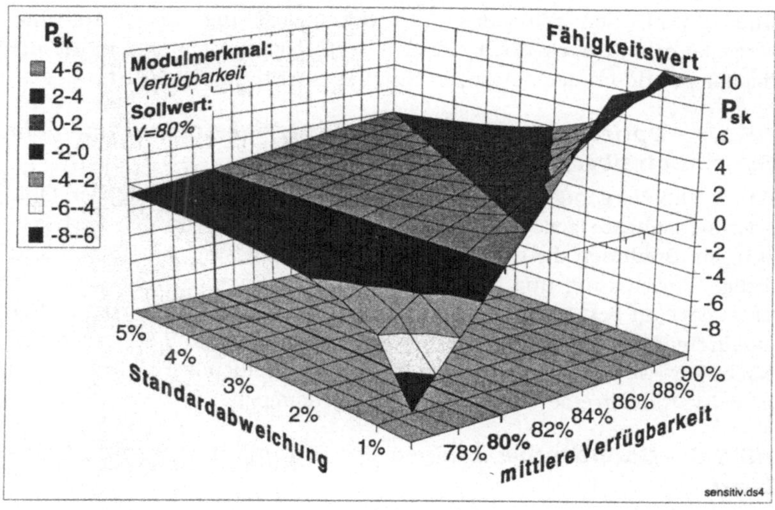

Bild 5.30: Sensitivitätsanalyse der Systemfähigkeitskennzahl.

Die Analyse zeigt, daß der **Aspekt der ständigen Prozeßverbesserung** durch die Anwendung der vorgeschlagenen Bewertungsmethode auf den Betrieb der Montagesysteme übertragen wird. Sollwert der Systemfähigkeit ist der Wert 1. Das Optimierungsziel lautet Maximieren des Kennwerts, das durch eine Reduzierung der Streuung wirtschaftlich erreicht werden kann. Eine Überdimensionierung des Systems und damit eine deutliche Überschreitung des Zielwerts ist aus wirtschaftlichen Überlegungen nicht erstrebenswert.

Ende des Exkurses von Seite 113

Mit der hier vorgestellten Adaption der Fähigkeitstheorie auf Modulmerkmale ist die vollständige Bewertung der Zielerfüllung in der qualitätsorientierten Montagesystementwicklung gegeben. Die Fähigkeitswerte werden im *META-Plan Montagesystem* den geforderten Werten gegenübergestellt (s. Bild 5.25). Dieser Schritt entspricht einer Vorabnahme, die in Liefervereinbarungen zwischen Hersteller und Betreiber von Montagesystemen als Voraussetzung der Versandfreigabe durchgeführt wird (PUHR-WESTERHEIDE 1990).

AS 8.3 - Festlegen der Maßnahmen für die Optimierung

Entsprechend der Ergebnisse des Fähigkeitsnachweises werden Maßnahmen an den kritischen Komponenten bzw. Einflüssen hinsichtlich ihrer potentiellen Wirksamkeit, Notwendigkeit und ihres Aufwand-Nutzen-Verhältnisses überprüft. Die festgelegten Maßnahmen werden detailliert und im nachfolgenden Syntheseschritt durchgeführt.

AS 8.4 - Optimierung, Abbau und Wiederinbetriebnahme beim Systembetreiber

Wurde die Versandfreigabe vorbehaltlich der Durchführung der Optimierungsschritte gegeben, erfolgt nach der Umsetzung der Verbesserungsmaßnahmen die Deinstallation des Montagesystems, die versandfertige Verpackung und Sicherung kritischer Komponenten sowie der Transport an den endgültigen Bestimmungsort. Bei nicht erteilter Versandfreigabe ist die Wiederholung der Schritte 8.2 und 8.3 erforderlich. Nach der Überprüfung etwaiger Transportschäden wird das System beim Systembetreiber erneut in Betrieb genommen.

AS 8.5 - Quantitative Analyse der Fähigkeit in realer Umgebung

Dieser Schritt entspricht der Endabnahme des Montagesystems. Betrachtungsobjekt ist das Montagemodul als Gesamtheit aller Teilmodule. Die **organisatorische Vorbereitung** dieses Schrittes erfolgt in Schritt 6.1 und sollte u.a. die Sicherstellung der Teileversorgung, die Klärung der Kostenübernahme für Entsorgung oder evtl. Demontage der Endprodukte und die Personaleinsatzplanung für die Abnahme beinhalten. Vorab muß weiterhin die Vollständigkeit aller zu erbringenden Leistungen (Dokumentation, Wartungspläne, Ersatzteile, etc.) gemäß Lastenheft sichergestellt und die Funktionsfähigkeit der Sicherheitseinrichtungen gewährleistet sein (PUHR-WESTERHEIDE 1990).

Ziel ist es, die **Fähigkeit** des Montagesystems analog zu Schritt 8.2 **unter realen Bedingungen** zu überprüfen. Das System wird dazu während der Benutzung durch das spätere Bedienpersonal analysiert, um beispielsweise Fehlbedienungen zu identifizieren und geeignete Gegenmaßnahmen ergreifen zu können. Zur Vermeidung menschlichen Fehlverhaltens hat sich in der Montage die Verwendung von Poka-Yoke-Katalogen bewährt, die beispielhaft aufzeigen, wie durch einfache technische Hilfsmittel versehentliche Fehlhandlungen vermieden werden können (siehe z.B. HIRANO 1992; MONQUIS 1996). Die Erstellung und

Strukturierung gemäß der Planungsobjekte ist ebenfalls eine unternehmensspezifische Know-How-Sicherung und muß organisatorisch entsprechend eingebunden werden.

Die Zeitdauer der Abnahme wird vor allem durch wirtschaftliche Randbedingungen begrenzt. Dennoch sollte die in Bild 5.29 aufgeführte Entnahmestrategie für Stichproben eingehalten werden. Für den hier angestrebten Nachweis der vorläufigen Systemfähigkeit (Begriffsdefinition analog zur Prozeßfähigkeit, Abschn. 3.3.2.4) ist eine Stichprobenzahl von 15-20 ausreichend.

Die Werte der Abnahme werden in den *META-Plan Montagesystem* eingetragen, der damit als komprimierter Datenteil des Abnahmeprotokolls verstanden werden kann. Die Arbeiten mit den planungsbegleitenden META-Plänen sind mit dieser letzten Entscheidungsaufbereitung zur Abnahme des Montagesystems abgeschlossen.

AS 8.6 - Festlegen der Maßnahmen für die Optimierung

Der Arbeitsschritt entspricht Schritt 8.3. Auf Basis der Liste kritischer Merkmale sowie der Ergebnisse der Abnahme werden jedoch zusätzlich Qualitätsmerkmale definiert, die im folgenden Schritt einer kontinuierlichen Überwachung unterzogen werden.

AS 8.7 - Überwachung des Systems während der Gewährleistungsphase

Zur genauen Verhaltensanalyse einer neuen Montageanlage empfiehlt sich eine fortlaufende Dokumentation der wesentlichen Qualitätsmerkmale (PUHR-WESTERHEIDE 1990). Hierzu werden die Prinzipien der statistischen Prozeßregelung auf Montagesysteme übertragen und als **statistische Systemregelung (Statistical System Control, SSC)** bezeichnet. Grundlage der SSC ist die Schrittfolge aus Bild 5.6. Ziel ist es, Einflußwirkungen auf Modulmerkmale systematisch zu identifizieren, die Ursachen abzustellen, für eine Berechnung der Fähigkeitskennwerte (Schritt 8.2/8.5) zu extrahieren und für nachfolgende Entwicklungsprojekte zu dokumentieren. Im folgenden Exkurs werden daher die Teilschritte „Führen der Regelkarten“, „Analyse von Daten und Zeitreihen“ sowie „Erarbeiten von Maßnahmen“ der Schrittfolge betrachtet.

Exkurs:
Nachweis der Einflußwirkung bei Qualitätsmerkmalen automatisierter Montagesysteme

Der Einflußnachweis erfolgt in Anlehnung an die SPC mittels Zeitreihendarstellung in Regelkarten. Das **Führen einer Regelkarte** ist ein Zuordnungsschritt, bei dem die Werte der zeitlich aufeinanderfolgenden

Stichprobenergebnisse in der Reihenfolge der Entnahmezeit in ein Koordinatensystem eingetragen werden. Die Abszisse charakterisiert den Zeitverlauf (Zeitpunkt, Nummer der Stichprobe), die Ordinate den Parameterwert der Stichprobe.

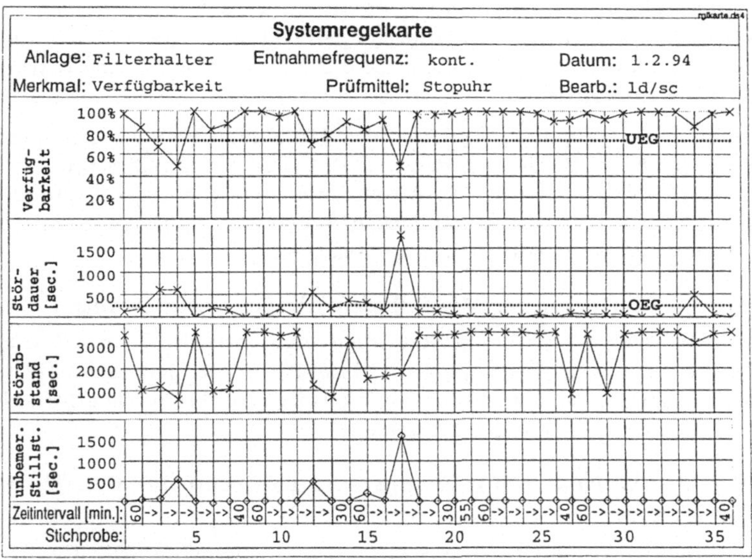

Bild 5.31: Vierreihige Regelkarte zur fähigkeitsorientierten Analyse der Verfügbarkeit.

Aufgrund der geringen Aussagekraft der inneren Streuung[45] haben sich für Modulmerkmale automatisierter Montagesysteme einspurige Regelkarten mit der Darstellung des Mittelwerts als ausreichend erwiesen. In Ergänzung zu den üblichen Regelkarten[46] werden **mehrreihige Systemregelkarten** eingesetzt, die unterschiedliche Komponenten eines Modulmerkmals gegenüberstellen und damit die Einflußidentifikation und -extraktion vereinfachen. Eine vierreihige Regelkarte für die Verfügbarkeit zeigt Bild 5.31. Neben der Verfügbarkeit, dem mittleren

---

45 Die Untersuchungen haben gezeigt, daß die innere Streuung der Stichprobe gegenüber der Gesamtstreuung des Modulmerkmals keine wesentlichen Zusatzinformationen über das Systemverhalten liefert.

46 Entsprechend der kontinuierlichen oder diskreten Modulmerkmale werden in der SSC die üblichen Shewhart-Karten oder Regelkarten für diskrete Merkmale verwendet (s. DIETRICH & SCHULZE 1995, S. 123FF).

Störabstand und der Reparaturdauer wurden zudem die Länge der vom Bediener beeinflußten Zeitintervalle (vgl. hierzu auch Bild 2.17) dokumentiert.

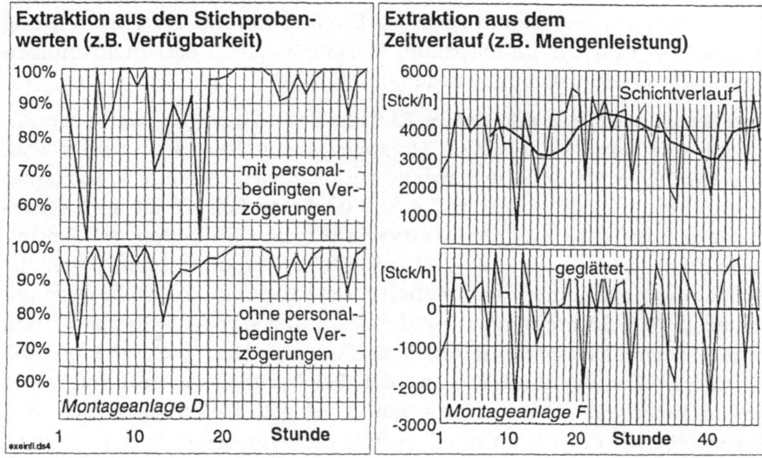

Bild 5.32: Extraktion von Einflüssen aus den Zeitreihen (Erläuterung der Montageanlagen s. Bild 2.9, S. 21).

Durch die Analyse der Systemregelkarte lassen sich Einflußwirkungen charakterisieren. Für Modulmerkmale werden zwei Wirkungsweisen systematischer Einflüsse differenziert:

- **Auswirkung auf den Zeitverlauf:** Einflüsse besitzen ein charakteristisches Zeitverhalten, das sich in der Zeitreihe der Modulmerkmale abbildet.
- **Auswirkung auf die Stichprobenwerte:** Einflüsse verändern ohne zeitliche Systematik die Werte einer Stichprobe.

Die Analyse der **Einflüsse mit Auswirkung auf den Zeitverlauf** erfolgt nach den verlaufsorientierten Methoden der Stabilitätsanalyse. In Analogie zur SPC lassen sich Trends oder Runs identifizieren, die auf systematische Ursachen schließen lassen.

Die Analyse hinsichlich **Einflüsse mit Wirkung auf die Stichprobenwerte** wird über die Identifikation von statistischen Ausreißern und über den Vergleich der in mehrreihigen Regelkarten protokollierten Merkmalskomponenten durchgeführt. Mit den in Bild 5.28 dargestellten Verteilungsformen sowie dem charakteristischen Streubereich für Montagesysteme werden die Formeln zur Berechnung von Eingriffs-

und Warngrenzen (DIETRICH & SCHULZE 1995, S. 194) angepaßt. Das Überschreiten einer Eingriffsgrenze läßt auf einen systematischen Einfluß rückschließen. Weiterhin sind Einflüsse möglich, die permanent allerdings ohne Verletzung der Stabilitätskriterien die Stichprobenwerte verändern. Eine Analyse dieser Einflüsse ist nur dann möglich, wenn das Analyseziel (zu identifizierender Einfluß) bei der Datensammlung bekannt ist und der korrelierende Merkmalswert in den mehrreihigen Regelkarten berücksichtigt wurde (s. Bild 5.31).

Eine **Extraktion der erkannten Einflüsse** ist notwendig, wenn die Fähigkeit des sozio-technischen Montagesystems bewertet werden soll, aber Einflüsse identifiziert wurden, die nicht dem System zugerechnet werden können (vgl. Abschnitt 2.4.2). Für diesen Fall erfolgt die **Extraktion der Einflüsse aus dem Zeitverlauf** durch Methoden der Zeitreihenanalyse (s. HARTUNG U.A. 1995, S. 637FF). Bewährt haben sich die Methode der gleitenden Durchschnitte bei saisonalen Zeitreihenkomponenten (z.B. Schichteinfluß, s. Bild 5.32 rechts) sowie die Kompensation mittels Regressionsgeraden bei Trendkomponenten (z.B. Verschleiß). Die **Extraktion der Einflüsse aus den Stichprobenwerten** erfolgt über die arithmetische Verknüpfung der jeweiligen Merkmalsreihen. Beispielsweise wurden die personalverursachten Verzögerungen der vierten Reihe der Regelkarte in Bild 5.31 von der MTTR subtrahiert und auf Basis dieser Werte die Verfügbarkeit sowie die Systemfähigkeit berechnet (s. Bild 5.32 links).

Ende des Exkurses von Seite 119

Für die im Rahmen der SSC identifizierten Ursachen müssen Maßnahmen erarbeitet werden. Zusätzlich zu der in Bild 5.17 dargestellten Maßnahmenklassifikation ist eine Unterscheidung in kurzfristige und langfristige Maßnahmen erforderlich. **Kurzfristige Maßnahmen** können sofort durch nachträgliche Integration technischer Komponenten oder durch Veränderungen an den Einflußbereichen umgesetzt werden. **Langfristige Maßnahmen** sind beispielsweise Konzeptmodifikationen, die bei Folgeentwicklungen zu berücksichtigen sind und entsprechend in eine Wissensbasis einfließen müssen.

Mit der Durchführung der kurzfristigen Maßnahmen und der Sicherstellung des Informationsflusses bezüglich langfristiger Maßnahmen für Nachfolgeprojekte ist das Vorgehen der qualitätsorientierte Montagesystementwicklung abgeschlossen.

5.4 Zusammenfassung

Zielsetzung der hier vorgestellten qualitätsorientierten Entwicklungsmethode ist die Gestaltung eines fähigen Montagesystems. Hierzu wurden die aus der Produktentwicklung bekannten QE-Werkzeuge in den Ablauf der Montagesystementwicklung integriert.

Zentrales Element der Methode sind die META-Pläne, die durch eine systematische Anordnung grundlegender Arbeitsschritte als Vorgehensrichtlinie zur Entscheidungsaufbereitung fungieren. Basis aller Entscheidungsschritte im Vorgehen liefern die Kundenforderungen, die über alle Entwicklungsphasen bis hin zur Abnahme und Gewährleistungsphase in Form eines Merkmalsbaums strukturiert visualisiert werden und damit permanent transparent sind.

Zur Berechnung der Ist-Merkmale wurden Vorschriften erarbeitet, die im META-Plan implementiert sind. Weiterhin wurden Bewertungsmethoden zur Identifizierung von Entwicklungsschwerpunkten vorgestellt. Diese kritischen Module oder Merkmale werden in fähigkeitssteigernden Methoden wie der FMEA oder dem DoE detaillierter analysiert. Alle hierzu notwendigen Angaben werden im Laufe des Vorgehens erarbeitet, so daß der sonst übliche Zusatzaufwand zur Erarbeitung der Grundlagen für die Methodenanwendung weitgehend vermieden wird.

Den Abschluß der qualitätsorientierten Montagesystementwicklung bildet die Moduloptimierung, in der unterstützt durch statistische Methoden, für die die montageorientierten Grundlagen vorgestellt wurden, die Wirkung von Einflüssen erarbeitet und dokumentiert werden. Bei der Akquisition qualitätsorientierter Informationen in der Montage besitzt diese Phase entsprechend hohes Gewicht, so daß die Zuständigkeit des Montageplaners bis zur Gewährleistungsphase ausgeweitet wurde.

6 Organisatorische und informationstechnische Umsetzung

6.1 Einführung

Die beschriebene Vorgehensweise zur Realisierung eines fähigen Montagesystems muß für ihre rationelle Anwendung in die Unternehmensstrukturen der Anlagenhersteller integriert werden. Die über den Rahmen der konventionellen Systementwicklung hinausgehenden Teilaufgaben sind in der Aufbauorganisation zu verankern und in die Projektabwicklung zu implementieren (Abschnitte 6.2 und 6.3). Weiterhin erfolgt auf Basis der Informationsflüsse die Konzeption und Entwicklung eines Datenmodells für die Unterstützung der Vorgehensweise und deren Abbildung auf rechnergestützte Werkzeuge (Abschnitt 6.4).

6.2 Organisatorische Einbindung beim Systemhersteller

Aus den Erläuterungen der Arbeitsschritte wird deutlich, daß die Anwendung der Methode eine Erweiterung der Entwicklungsaufgaben beim Systemhersteller bedeutet. Dies erfolgt zum einen durch **projektneutrale Tätigkeiten**, die eine langfristige Implementierung und Sicherung des Qualitäts-Know-Hows betreffen sowie durch **projektbegleitende Tätigkeiten**, die die methodische Unterstützung und Durchführungsüberwachung der Systementwicklung anbelangen. Beide Aufgabenbereiche (s. Bild 6.1) erfordern ein hohes Maß an Expertenwissen und müssen daher neben Schulungsmaßnahmen auch durch organisatorische Maßnahmen in den Unternehmen verankert werden.

Hierzu bieten sich zunächst zwei grundsätzliche Möglichkeiten an. Zum einen können insbesondere kleinere Unternehmen zur Entzerrung des in der Anfangsphase zusätzlichen Zeitaufwands **externe Berater** hinzuholen. Da sich hierzu aufgrund ihrer Unabhängigkeit von unternehmensspezifisches Fachwissen im wesentlichen nur einige projektbegleitende Aufgaben eignen, ist langfristig die **interne Verankerung** in Form einer Erweiterung des Aufgabenspektrums der mit Qualitätsaufgaben betrauten Abteilung anzustreben. Dabei kann die zusätzliche Belastung in den Unternehmen weitgehend ohne Veränderung des Personalstamms bewältigt werden, wenn das durch Rationalisierungen aufgrund eines konsequenten Einsatzes des Simultaneous-Engineering freigesetzte Personal zu Qualitätsexperten weiterqualifiziert wird. Hierbei wirkt sich insbesondere die Verbindung von bestehendem Fachwissen beispielsweise der Fertigungsplanung oder Konstruktion mit zusätzlichem Know-How auf dem Gebiet der Qualitätsmethoden vorteilhaft auf die Effizienz der qualitätsorientierten Montagesystementwicklung aus.

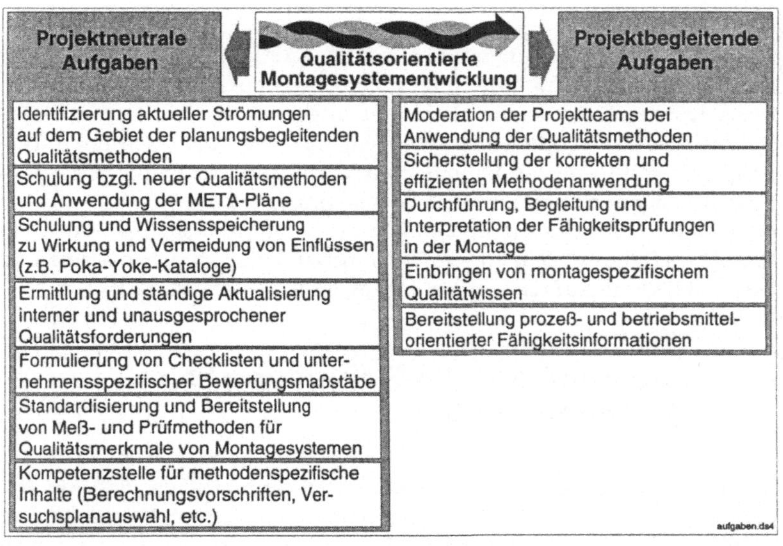

Bild 6.1: Zusätzliche Aufgaben durch die Qualitätsintegration in die Montagesystementwicklung.

Liegen die projektneutralen Aufgaben noch vorrangig im Verantwortungsbereich des Qualitätswesens der Unternehmung, erfolgt die Abwicklung des Projektgeschäfts durch **Planungsteams**, bestehend aus Vertretern der Abteilungen des Systemherstellers und bei Bedarf der Komponentenzulieferer. Aufgrund der Verantwortungsausdehnung bis zum Gewährleistungszeitraum gebietet sich ein interdisziplinäres Arbeiten. Durch die Ausschöpfung des Wissenspotentials aller Abteilungen in Form einer den Planungsphasen angepaßten Teamzusammensetzung kann den Zielen einer Straffung von Entwicklungszeit und -aufwand entsprochen werden.

Bild 6.2 zeigt die Beteiligten der betroffenen Abteilung über den einzelnen Planungsphasen. Entsprechend der Forderung nach einem souveränen Projektleiter obliegt die **Projektführung** sowie die Gesamtverantwortung hinsichtlich Kosten, Termin und Qualität der Projektierungsabteilung, die zumeist auch den engsten Kundenkontakt aufweist. Über Art und Umfang der individuellen Beteiligung insbesondere der Bereiche der Zulieferfirmen ist in Abhängigkeit der in den Entscheidungsschritten im Einzelfall festgelegten Vorgehensweise und Maßnahmen zu entscheiden.

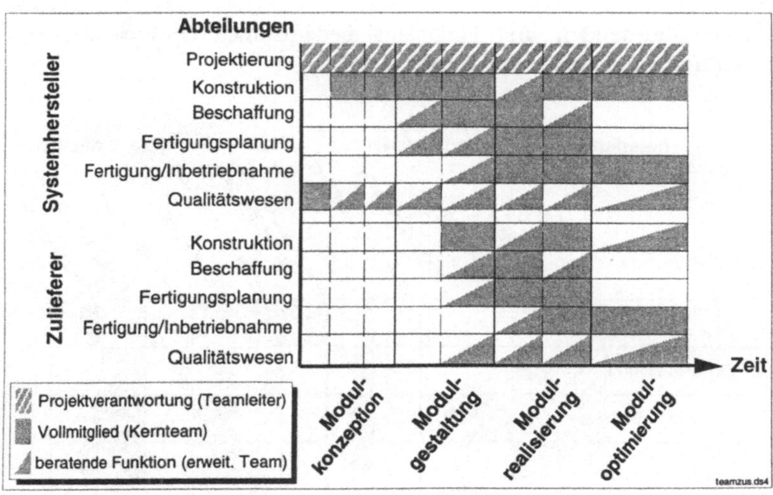

Bild 6.2: Zusammensetzung des Planungsteams während der Planungsphasen.

6.3 Abwicklung von Entwicklungsprojekten

Für die Neuentwicklung automatisierter Montagesysteme lassen sich **zwei Anwendungsfälle** unterscheiden (vgl. FELDMANN 1996, S. 9), die auch für die Projektabwicklung durch die qualitätsorientierte Entwicklungsmethode maßgeblich sind. Fall A liegt vor, wenn die Konstruktion des Produktes durch den Systembetreiber bereits vollständig abgeschlossen ist und die Montagesystementwicklung sequentiell anknüpft. Fall B liegt vor, wenn der Systemhersteller bereits zu Beginn einer Produktentwicklung des Systembetreibers eingebunden wird und damit Konstruktion und Montagesystementwicklung parallel voranschreiten.

Im **Fall A** sind Änderungen an den Betriebsbedingungen des Produktes nicht mehr möglich, wodurch sich der mögliche Maßnahmenkatalog im

Laufe der qualitätsorientierten Montagesystementwicklung auf eine entsprechende Adaption der Montagemodule beschränkt. Da somit keine gemeinsam von Systemhersteller und -betreiber durchgeführten Analyse- und Syntheseschritte bei der Bearbeitung der META-Pläne erforderlich sind, reduziert sich die Zusammenarbeit auf die kooperative Durchführung der Entscheidungsschritte. Bild 6.3 zeigt die Beteiligung der entsprechenden Verantwortlichen an den betroffenen Arbeitsschritten. Dabei ist der Anteil des Systembetreibers insbesondere bei den kostenbeeinflussenden und langfristig bedeutsamen Optimierungsentscheidungen entsprechend hoch.

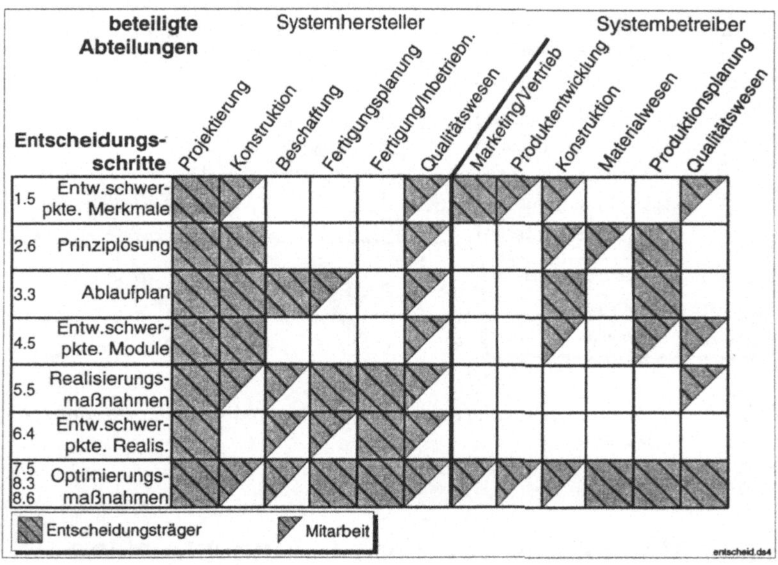

Bild 6.3: Gemeinsame Entscheidungsschritte im Planungsablauf.

Fall B entspricht den zur Reduzierung der Entwicklungszeit initiierten Simultaneous-Engineering-Projekten, die zwar einen entsprechend hohen Abstimmungsaufwand erfordern, aber gleichzeitig ein Maximum an Rationalisierungspotential erschließen. Dabei ist die Integration von Konstruktion und Montagesystementwicklung neben den organisatorischen Voraussetzungen, die durch eine Teambildung für die Bearbeitung der Arbeitschritte realisiert sind, vor allem durch eine Informationsabhängigkeit geprägt. Aufgaben der Montagesystementwicklung können nach FELDMANN (1996, S. 73) erst nach Vorliegen entsprechender Ergebnisse aus den vorgelagerten Bereichen sinnvoll durchlaufen werden. Aufgrund der Erweiterung der Planungsverantwortung bis zur Gewährleistungsphase müssen in der qualitätsorientierten Montagesystementwicklung neben den Ergebnissen der Konstruktion weitere Ergebnisse beispielsweise aus der Produktionsplanung berücksichtigt werden. Bild 6.4 zeigt die zur Bearbeitung der META-Pläne erforderlichen bzw. qualitätsverbessernden Informationen. Darauf aufbauend kann der Projektleiter im Einzelfall die jeweilige Erstellung der META-Pläne initiieren und erhält somit eine vollständige Richtlinie zur Abwicklung von Entwicklungsprojekten.

○ qualitätsverbessernde Information
● zur Bearbeitung erforderliche Information

infoausl.ds4

Ergebnisse aus vorgelagerten Bereichen	META-Pläne	Qualitätsmerkmale	Prinziplösungen	Ablaufvarianten	Montagemodule (grob)	Montagemodule (fein)	Realisierungsschritte	Montagemodule (real)	Montagesystem
projektbezogen	Qualitätsmerkmale System	●							
	Qualitätsmerkmale Produkt	●							
montageproduktbezogen	Strukturstückliste		●	●					
	Einzelgeometrien d. Bauteile				●				
	Zusammenbauzeichnung					●			
	Arbeitsplan			○	○	○		●	
	Prototypen			○	○	○	○	●	
	Serienprodukt							○	●
montageumgebungsbezogen	Instandhaltungsstrategie		○	○	○	○		○	●
	Personaleinsatz					○		○	●
	Aufstellort des Systems		○	○	○	○		○	●

Bild 6.4: Ergebnisse vorgelagerter Bereiche initiieren in SE-Projekten die Bearbeitung der META-Pläne.

6.4 Konzeption der Rechnerunterstützung

6.4.1 Analyse der Informationsflüsse

Entsprechend den informationstechnischen Anforderungen muß als Grundlage einer Rechnerunterstützung der qualitätsorientierten Montagesystementwicklung ein Konzept für die informationstechnische Einbindung in integrierte Produktmodelle entwickelt werden. Hierzu schlägt GRABOWSKI U.A. (1993, S. 11) ein Vorgehen vor, das die Spezifikation der Prozeßkette und die Beschreibung des Aktivitätenmodells sowie die Formulierung einer Referenzmodellstruktur enthält. Im folgenden werden diese Vorgehensschritte durchlaufen, um die Voraussetzung für die Implementierung der Rechnerunterstützung zu bilden.

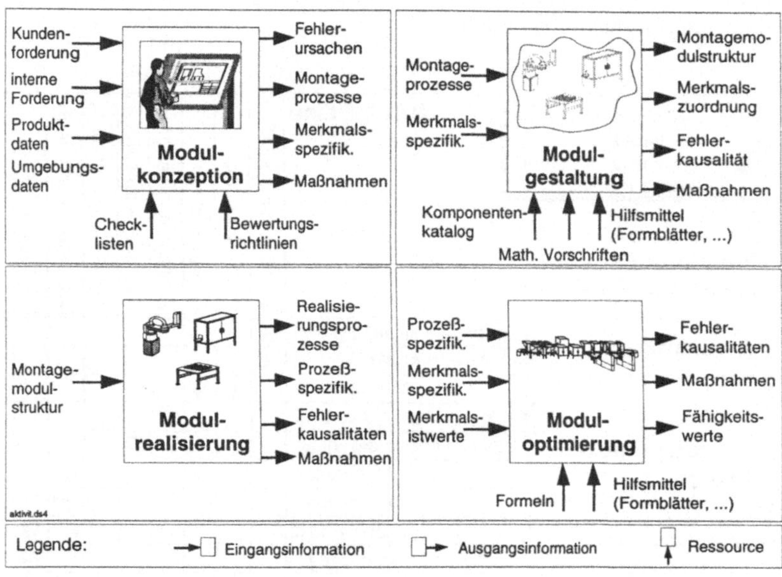

Bild 6.5: *Das Aktivitätenmodell der qualitätsorientierten Montagesystementwicklung.*

Basis des Aktivitätenmodells ist die Informationsflußanalyse der einzelnen Arbeitsschritte. Dabei werden nur Arbeitsschritte betrachtet, die Produktdaten erzeugen oder verarbeiten. Formal wird die Analyse mit hierarchischen IDEF0-Diagrammen[47] unterstützt, die zu jeder Aktivität die zur Ausführung notwendigen Eingabedaten, die erzeugten Ausgabedaten und Ressourcen darstellen. Ressourcen sind Programme oder Hilfsmittel, die zur Ausführung der Aktivität erforderlich sind (GRABOWSKI U.A. 1993, S. 27). Auf die Darstellung der Steuerdaten zur

47 IDEF0 ist eine Beschreibungsmethode für die funktionalen Abläufe in einem System. Das Ergebnis sind Aktivitätenmodelle.

Steuerung der Aktivität wird verzichtet. Bild 6.5 zeigt das Aktivitätenmodell auf der obersten Abstraktionsebene der Planungsphasen.

Im Rahmen der **Modulkonzeption** werden Informationen bezüglich der Betriebsbedingungen sowie interne und externe Anforderungen in restriktive Fehlerursachen und konkrete Merkmalsspezifikationen transformiert. Weiterhin wird die Grundlage der Montageplanung durch die Erzeugung und Definition der Montageprozesse gelegt. Als Ressourcen kommen Checklisten zur Anforderungsanalyse sowie unternehmensspezifische Bewertungsmaßstäbe zum Einsatz.

Auf Basis der Merkmalsspezifikationen und Montageprozesse ergibt sich im Laufe der **Modulgestaltung** die Montagemodulstruktur, der die modulspezifischen Merkmale zugeordnet werden. Dabei ermöglicht der Konkretisierungsgrad der Planungsaufgabe bereits die erste Erzeugung kausaler Fehlerketten und die Identifikation geeigneter Maßnahmen. Als Ressourcen werden Berechnungsvorschriften (vgl. Bild 5.20), Komponentenkataloge, die um Prozeß- und Systemfähigkeitsangaben ergänzte Montagekomponenten beinhalten, und Hilfsmittel zur Durchführung der FMEA und Versuchsplanung benötigt.

Aus der Modulstruktur werden in der **Modulrealisierung** die Realisierungsschritte und zugehörigen Prozeßspezifikationen abgeleitet. Aus der Prozeß-FMEA ergeben sich weitere Fehlerkausalitäten, die nun die Einflußnahme der Realisierungsqualität auf die Fähigkeit der Montagemodule beschreiben.

Innerhalb der **Moduloptimierung** legt der Montageplaner durch eine Bestimmung der Merkmalsistwerte der Montagemodule und dem Vergleich mit den spezifisichen Prozeß- bzw. Merkmalsspezifikationen die Grundlage für weitere Verbesserungsmaßnahmen. Die identifizierten Fehlerkausalitäten können nun quantitativ beschrieben werden.

Kernelement der qualitätsorientierten Montagesystementwicklung ist das Montagemodul, das alle in die Methode integrierten Aktivitäten aus der Qualitätssicherung, Montageplanung, Fertigungs- und Inbetriebnahmeplanung vernetzt. Durch die Zuordnung der Merkmalsistwerte zu Montagemodulen und ein langfristiges Sichern der so erzeugten Qualitätsinformationen kann ein bewerteter Lösungskatalog gebildet werden, der sich für zukünftige Entwicklungsprojekte verwenden läßt.

6.4.2 Struktur des Referenzmodells

Im Aktivitätenmodell werden im nächsten Schritt der Vorgehensweise zur Produktdatenmodellierung die relevanten Daten identifiziert und die Struktur des Referenzmodells entworfen. Im Rahmen der vorliegenden Arbeit soll sich auf ein stark vereinfachtes Modell beschränkt werden, das jedoch die wesentlichen Erweiterungen bestehender Produktmodelle verdeutlicht.

Defizite bestehender Produkt- und Produktionsmodelle sind vor allem in der fehlenden Abbildung montagetechnischer Komponenten und den zugehörigen Fehlerkausalitäten sowie in der Spezifizierung von Qualitätsmerkmalen zu finden (LANGLOTZ U.A. 1992, KRAUSE U.A. 1993, GRABOWSKI U.A. 1993). Letztere werden häufig nur in Form von Attributen den Modellen zugeordnet, wodurch die Darstellung komplexerer Verknüpfungen, wie sie beispielsweise für die Merkmalsberechnung der Modulaggregate gefordert sind, bedeutend erschwert wird. Eine Ergänzung bestehender Produktmodelle um anwendungsspezifische Partialmodelle, die diese Daten repräsentieren, ist demzufolge erforderlich. Bild 6.6 zeigt die simplifizierte Datenstruktur, deren Modelle kurz beschrieben werden. Zur Darstellung der Objektmodelle wird die OMT-Schreibweise nach Rumbaugh (RUMBAUGH U.A. 1993) benutzt[48].

Das **Montagemodulmodell** stellt den Anknüpfungspunkt zu den in der ISO 10303 genormten, anwendungsneutralen Partialmodellen des integrierten Produktmodells dar (GRABOWSKI U.A. 1993, S. 48FF) und erbt deren Datenstrukturen wie z.B. Geometrie, Toleranzen, Versionen, Baugruppenstrukturen, die sowohl für Produkte als auch für Montagekomponenten sinnvoll nutzbar sind (FELDMANN 1996, S. 107). Informationen der projektspezifischen Montageumgebung sowie die definierten Eigenschaften und Parameter der Produkte, Prozesse und Montagekomponenten werden verknüpft.

Das **Merkmalsmodell** umfaßt alle Daten und Methoden zur Analyse und Synthese der Kundenforderungen und Qualitätsmerkmale. Entsprechend der Systematisierung in singuläre und allgemeine Merkmale besteht zwischen Merkmals- und Montagemodulobjekt eine m:m-Assoziation.

Das **Fehlerkausalitätsmodell** bildet die Ursache-Wirkungsketten als Grundlage der integrierten QE-Methoden ab. Gemäß der Fehlerdefinition bezieht sich jede Folge dabei auf ein oder mehrere Merkmale. Die Ursachen der Fehler sind Objekte des Montagemodulmodells und deren Eigenschaften. Maßnahmen werden sowohl Ursachen, Fehler und Folgen zugeordnet, da sie für alle Elemente der Fehlerkette spezifiziert werden können. Da Ursache-Wirkungs-Ketten beliebig verzweigt sind

---

[48] Die OMT (Object Modelling Technique) verbindet objektorientierte Konzepte mit Konzepten der Informationsmodellierung und ermöglicht daher die Erstellung von Datenstrukturen, die in Datenbanken gut verwaltet werden können. Eine ausführliche Beschreibung der in der Legende angegebenen Bildzeichen zur graphischen Repräsentation findet sich bei RUMBAUGH U.A. (1993, S. 27FF).

(ORENDI 1993, S.48), sind die Fehlerkausalitäten durch die Spezifikation eines Verknüpfungsobjekts, das sowohl logische als auch mathematisch-statistische Beziehungen beispielsweise aus der Analyse der Qualitätsregelkarten repräsentiert, weiter zu präzisieren.

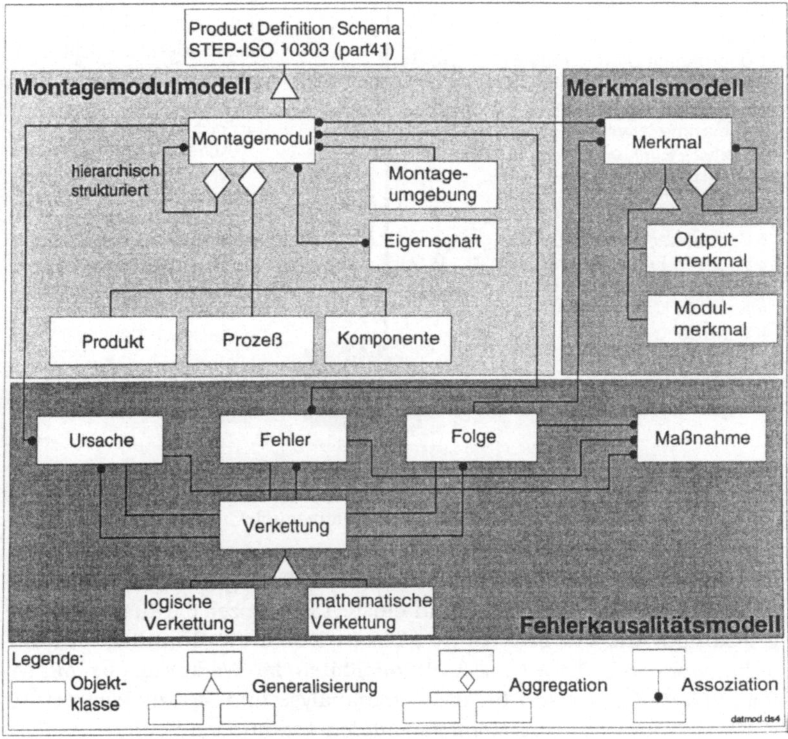

Bild 6.6: Das statische Objektmodell der anwendungsspezifischen Partialmodelle.

6.4.3 Rechnerwerkzeuge zur Umsetzung

Das informationstechnische Kernelement der Umsetzung ist eine gemäß der Datenstruktur aufgebaute Datenbasis. Darin sind alle zur Durchführung der Methode erforderlichen Qualitäts- und Montageinformationen abgelegt. Zur Verwaltung der Daten und zur Unterstützung der Tätigkeiten aller beteiligten Unternehmensbereiche bedarf es Rechnerwerkzeuge mit entsprechenden Funktionalitäten (s. Bild 6.7).

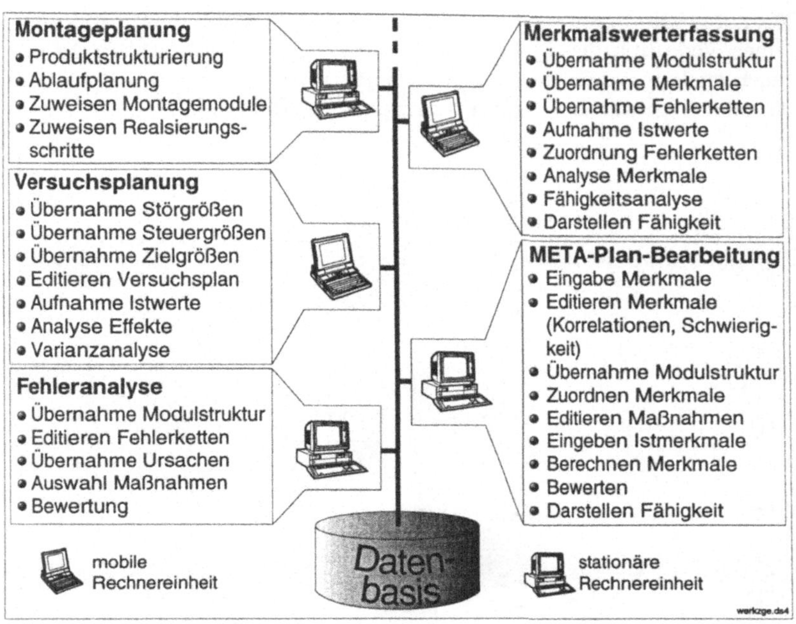

Bild 6.7: *Rechnerwerkzeuge und deren wesentliche Funktionalitäten für die qualitätsorientierte Montagesystementwicklung.*

Das Werkzeug zur Montageplanung erzeugt ausgehend von der Produktstruktur den Ablaufplan und clustert Sequenzen daraus zu Montagemodulen. Die erarbeiteten Strukturen liefern die Grundlage für Zuordnungs- und Bewertungsfunktionalitäten im Werkzeug zur META-Plan-Bearbeitung sowie für die Fehleranalyse und Merkmalswerterfassung. Aus den mit den Montagemodulen verknüpften Fehlerkausalitäten kann der Anwender innerhalb der Versuchsplanung die erforderlichen Angaben über Stör- und Steuergrößen entnehmen und bei Bedarf weiter editieren. Die Ergebnisse der Versuche werden entsprechend den Kausalitätsbeziehungen zwischen Faktoren und Zielgrößen modulspezifisch in die Datenbasis abgelegt und können in die META-Plan-Bearbeitung zur ebenenübergreifenden Berechnung von Qualitätsmerkmalen übernommen werden. Die Merkmalsermittlung in der Phase der Moduloptimierung wird durch ein Aufnahmewerkzeug unterstützt, in das die Berechnungs- und Visualisierungsfunktionen der SPC und SSC integriert sind. Damit können ebenfalls Fehlerkausalitäten spezifiziert werden, wenngleich hier eine manuelle Unterstützung erforderlich ist. Weiterhin kann für die kontinuierliche Überwachung in der Gewährleistungsphase die MDE-Informationen in die Datenbank abgelegt werden und gleichermaßen statistisch analysiert werden.

Die Rechnerhilfsmittel exisitieren derzeit mit Ausnahme des Werkzeugs zur Merkmalswerterfassung nur als Prototypen mit einer für die prinzipielle Anwendung wesentlichen Auswahl an Funktionalitäten (s. Abschnitt 7.3.1). Werkzeuge zur Montageplanung und zur Fehleranalyse wurden nicht weiter betrachtet. Im folgenden Kapitel wird an einem durchgängigen Beispiel die Anwendung der Methode mit Unterstützung der Rechnerwerkzeuge aufgezeigt.

7 Anwendungsbeispiel

7.1 Einführung

Anhand eines beispielhaft durchgeführten Anlagenprojekts soll die Anwendbarkeit der entwickelten Vorgehensweise sowie der META-Pläne überprüft werden. Anwendungsrelevante Inhalte des Verfahrens werden dazu bei einem mittelständischen Anlagenhersteller[49] prototypenhaft implementiert. Der zur Einführung im Unternehmen erforderliche Vorgehensplan wird in Abschnitt 7.2 vorgestellt. Zur Verifikation der Methodeninhalte und zur Kontrolle der Praktikabilität der Instrumentarien wird ein Initialprojekt begleitet (Abschnitt 7.3). Abschluß des Kapitels bildet eine aus praktischer Sicht durchgeführte Bewertung der qualitätsorientierten Montagesystementwicklung.

7.2 Implementierung des Verfahrens

Das Unternehmen entwickelte bislang Montagesysteme nach der konventionellen Vorgehensweise der Montageplanung (vgl. Abschnitt 3.2.1). Für eine stärkere Kundenorientierung bei gleichzeitiger Steigerung der Ergebnisqualität soll die qualitätsorientierte Montagesystementwicklung eingeführt werden. Zur Implementierung wurde ein Stufenplan mit Kontrollpunkten und Vorgehensschritten erarbeitet und abgewickelt (s. Bild 7.1). Im ersten Schritt erfolgte die Erstellung der Verfahrensanweisung „Fähigkeit von Montagesystemen“, die die erforderliche Beschreibung der planungsübergreifenden, merkmals- und qualitätsorientierten Arbeitsschritte enthält sowie die Zuständigkeiten der projektneutralen und -begleitenden Tätigkeiten regelt. Nach Prüfung der grundlegenden internen Akzeptanz der Mitarbeiter sind Schulungen erforderlich, die sich mit der Anwendung der statistischen Methoden, den META-Plänen sowie den Modulmerkmalen von Montagesystemen (Definition, Berechnung, Prüfung) befassen. Zu Marketingzwecken und zur Erlangung von Wettbewerbsvorteilen wurde eine Einführungsveranstaltung mit dem Kundenstamm des Systemherstellers durchgeführt. Ziel war die Überprüfung der externen Akzeptanz. Die Einführungsphase endete mit ei-

[49] Kerngeschäft: Entwicklung, Konstruktion und Bau von Sondermaschinen für die Produktmontage; Geschäftsbereiche: Montagetechnik, Zuführtechnik, Werkzeugbau, Teilefertigung; Mitarbeiterzahl: 120; Umsatz: ca. 13 Mio.DM (Stand 1993).

nem Initialprojekt und der Schaffung der notwendigen Voraussetzungen sowie der Ausweitung auf die gesamte Projektlandschaft und dem Aufbau eines Informationssystems.

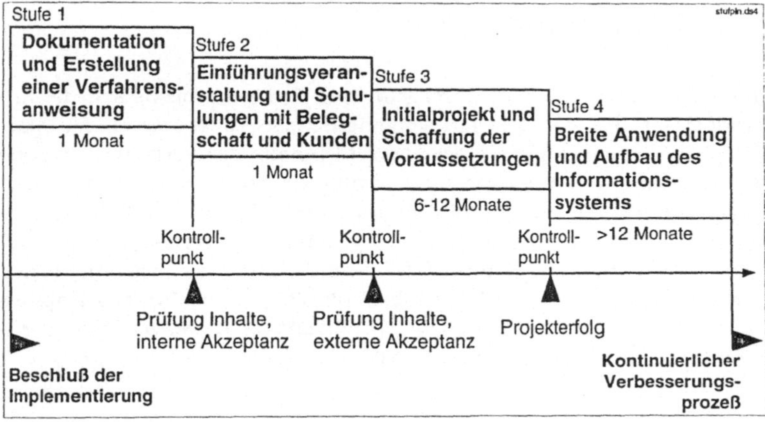

Bild 7.1: *Der Stufenplan zur Implementierung der qualitätsorientierten Montagesystementwicklung bei einem mittelständischen Systemhersteller.*

Bei der Umsetzung der Planungsmethode wirkte sich das im Unternehmen eingeführte Qualitätsmanagement-System, das im Vorfeld der Implementierung durch eine Zertifizierung bestätigt wurde, begünstigend aus. Die Verantwortung der Geschäftsleitung und die Verpflichtung zur Qualität, die sich im gesamten Mitarbeiterstamm widerspiegelte, förderte die Akzeptanz des Planungswerkzeugs. Die erstellte Verfahrensanweisung gilt für die Abschnitte 4.3 (Vertragsprüfung), 4.4 (Designlenkung), 4.10 (Prüfungen) und 4.20 (Statistische Methoden) der DIN-NORM EN ISO 9001 (1994).

7.3 Durchführung des Initialprojekts

7.3.1 Ausgangssituation

Als Initialprojekt wurde die **Entwicklung eines Montagesystems für Rasiererköpfe** begleitet. Ziel ist die Planung und der Nachweis der Systemfähigkeit. Bild 7.2 zeigt den Aufbau eines Rasiererkopfs. „Top Cap" und „Guard Bar“ sind als Spritzgußteil ausgeführt und werden im Schüttgut bereitgestellt, wodurch insbesondere die Teilehygiene sowie die Maßhaltigkeit in der Entwicklung der betroffenen Montagemodule zu berücksichtigen ist. Die gehärteten und geölten Stahlklingen werden vor der Montage im Coil geschliffen, anschließend geschnitten und als Stapelpaket bereitgestellt. Der „Spacer“ ist als Aluminiumteil ausgeführt und wird ebenfalls im Stapel bereitgestellt. Nach der Montage werden je 5 Rasiererköpfe in den sog. Spender eingelegt. Varianten ergeben sich durch die variable Anzahl der Klingen je Rasiererkopf (bilama = 2 Klingen, monolama = 1 Klinge) sowie durch Werkstoffdifferenzen (Farbe, Material) von „Top Cap“ und „Guard Bar“.

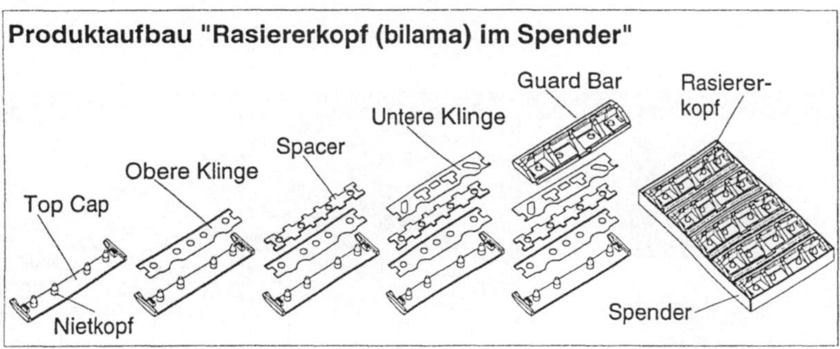

Bild 7.2: Elemente eines Rasiererkopfs (Quelle: Feintechnik GmbH, Eisfeld).

Zur Unterstützung des Initialprojekts wurden **Rechnerwerkzeuge** für die graphische Betriebssystemumgebung Microsoft Windows konzipiert und realisiert, da diese Umgebung Standard des unternehmensinternen Qualitätsinformationssystems ist. Die Module zur Bearbeitung der META-Pläne sowie zur Versuchsplanung wurden prototypisch in MS-Excel umgesetzt, da Funktionen zur Matrixbearbeitung, die layerübergreifende Verknüpfung der verschiedenen META-Pläne und die Abbildung hierarchischer Strukturen systemimmanent vorhanden und zusätzliche Berechnungs-, Analyse- und Bewertungsfunktionen einfach zu implementieren sind. Für die Merkmalserfassung wurde aufgrund der komplexeren Auswerte- und Eingabefunktionen für die SSC eine spezielle Anwendungssoftware in der Programmiersprache C++ entwickelt. Eine Anbindung an Montageplanungs- und Fehleranalysewerkzeuge wurde nicht realisiert.

In den folgenden Ausführungen erfolgt die Erläuterung wesentlicher Aspekte bei der Bearbeitung der vier Planungsphasen und der Anwendung der Werkzeuge.

7.3.2 Modulkonzeption

Im Rahmen des Projektklärungsgesprächs mit dem Systembetreiber wurde im ersten Schritt der Merkmalsbaum definiert, gewichtet und mit herstellerinternen bzw. normalen Forderungen wie z.B. der maximal zulässigen Lärmemission erweitert. Die Anforderungen an die Qualitätsleistung des Systems war mit eindeutigen Fehlerdefinitionen bezüglich kritischer, Haupt-, und Nebenfehler zu ergänzen. Grundlage hierfür lieferte das Qualitätskontroll-Handbuch des Systembetreibers, dem ebenso die Prüfanweisungen der Outputmerkmale entnommen wurden. Für den Nachweis der Modulmerkmale sowie der Systemfähigkeit wurde der Leitfaden „Montagesystemfähigkeit“ [VDMA 1996], der wesentliche Inhalte der hier vorgestellten Vorgehensweise enthält, als Grundlage verwendet.

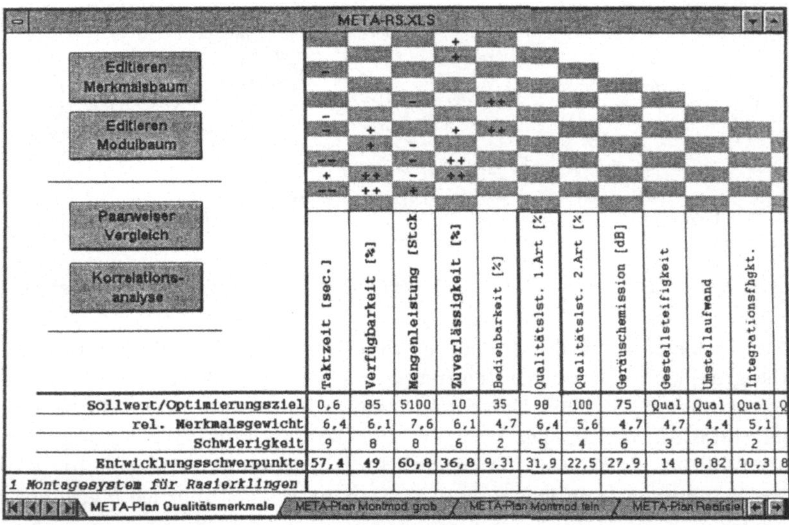

	Taktzeit [sec.]	Verfügbarkeit [%]	Mengenleistung [Stck	Zuverlässigkeit [%]	Bedienbarkeit [%]	Qualitätslst. 1.Art [%	Qualitätslst. 2.Art [%	Geräuschemission [dB]	Gestellsteifigkeit	Umstellaufwand	Integrationsfhgkt.
Sollwert/Optimierungsziel	0,6	85	5100	10	35	98	100	75	Qual	Qual	Qual
rel. Merkmalsgewicht	6,4	6,1	7,6	6,1	4,7	6,4	5,6	4,7	4,7	4,4	5,1
Schwierigkeit	9	8	8	6	2	5	4	6	3	2	2
Entwicklungsschwerpunkte	57,4	49	60,8	36,8	9,31	31,9	22,5	27,9	14	8,82	10,3

Bild 7.3: Ergebnisse der Arbeitsschritte 1.1 bis 1.5 im META-Plan Qualitätsmerkmale (Ausschnitt; Entwicklungsschwerpunkte der Merkmale fett gedruckt; vgl. zu den verwendeten Zeichen Bild 5.9, S.78).

Die erarbeiteten Zielvorgaben der Merkmale können Bild 7.3 entnommen werden. Aufgrund der erforderlichen Sichtprüfung der Rasiererköpfe durch den Anlagenbediener darf die Summe aus Nichtverfügbarkeit (Zeitanteil für Störungsbehebung) und Bedienbarkeit (Zeitanteil für Bedienaufgaben) 50 % nicht überschreiten. Daraus leitet sich die Sollvorgabe für die Bedienbarkeit ab. Weiterhin wurden Vorgaben zur Systemfähigkeit (>1) und zur Prozeßfähigkeit des Outputmerkmals „Klingengeometrie“ (>1,33) bedingt durch die möglichen Verletzungsgefahr bei Produktgebrauch gestellt. Bei der Analyse der Merkmalskorrelationen und der Merkmalskritizität waren die bereits festgelegten Prüfanweisungen wegen der damit verbundenen eindeutigen Definitionen förderlich. Die Werte sowie die daraus abgeleiteten Entwicklungsschwerpunkte sind in Bild 7.3 abgebildet. Die Bearbeitung des *META-Plans Qualitätsmerkmale* war damit abgeschlossen.

Im weiteren Vorgehen wurden aus dem Produktaufbau 5 Einlegeprozesse sowie ein Niet- und ein 5-fach wiederholter Einlegeprozeß abgeleitet. Die Komplexität der Montageprozesse resultiert aus der aufgrund der geringen Taktzeit erforderlichen Geschwindigkeit der prozeßnahen Komponenten und der in diesem Zusammenhang zu berücksichtigenden Massenträgheit. Schwierigkeiten werden hierbei insbesondere beim Greifen, Transportieren und Ablegen der geölten Klingen sowie des „Spacers“ und der Spritzgußteile erwartet.

Zur Analyse der Betriebsbedingungen wurden an ca. 13.000 Serienprodukten in Stichproben die Fähigkeit des vorgelagerten Fertigungsprozesses überprüft. Dabei wurden die Teilegeometrie (Paß-, Positioniermaße, Form) sowie die Teilehygiene des Schüttguts detailliert untersucht. Die Analyse ergab, daß sowohl die Paßfähigkeit als auch die Positioniergenauigkeit zur Montage gewährleistet ist. Allerdings sind infolge der hohen Zahl an Beimengungen (Gußreste, Fehlteile, Falschteile) geeignete Maßnahmen im Zuführprozeß vorzusehen, um Fehler in den nachfolgenden Fügeprozessen zu reduzieren. Die festgestellten potentiellen Störursachen wurden festgehalten.

Aufgrund der restriktiven Betriebsmittelforderung bezüglich der Basiskomponente (Sollausführung als Längstransfersystem) sowie des einfachen Produktaufbaus wurde auf eine Bewertung und Analyse unterschiedlicher Prinziplösungen und Ablaufpläne verzichtet. Damit entfallen die Arbeitsschritte 2.5 bis 3.3 der ersten Planungsphase. Die Modulkonzeption war mit der Beschreibung eines Ablaufplans abgeschlossen.

7.3.3 Modulgestaltung

Auf Basis des Ablaufplans wurden im weiteren Montagemodule definiert, die Merkmalszuordnung sowie die Ableitung modulspezifischer Zielvorgaben durchgeführt (s. Bild 7.4). Mit der Definition der Module und der Festlegung der Entwicklungsschwerpunkten war die notwendige Voraussetzung zur Durchführung einer System-FMEA gegeben, auf deren Basis konkrete Maßnahmen zur konstruktiven Einflußminimierung (z.B. Reduzierung der Beimengungen im Zuführsystem „Guard Bar" und „Top Cap") bzw. zur Merkmalsprüfung wie z.B. Versuche zur Zuverlässigkeit der Antriebskomponenten und zum Handling der Klingen erarbeitet wurden. Die potentiellen Ursachen, Fehler und Fehlerfolgen wurden in einer Datenbasis für die weitere Verwendung abgelegt. Der Zeitanteil der FMEA konnte aufgrund der bis zu diesem Planungsstadium durchgeführten Ursachenanalyse, der vollständig vorhandenen Strukturinformationen sowie dem bisherigen Planungsvorgehen im Team reduziert werden.

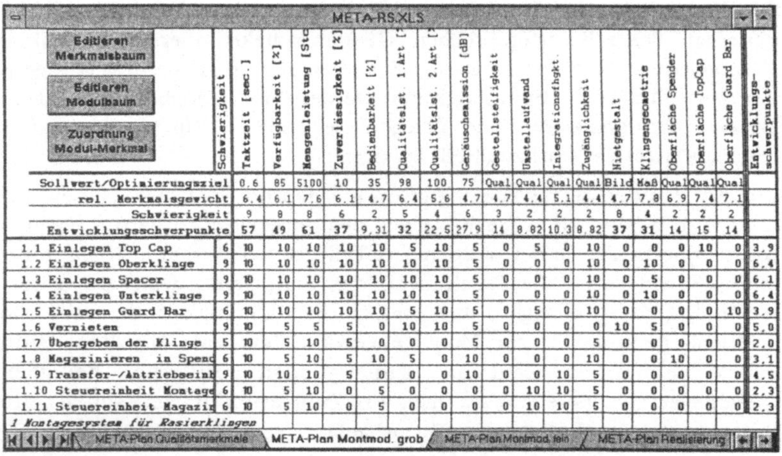

META-RS.XLS

Editieren Merkmalsbaum | Editieren Modulbaum | Zuordnung Modul-Merkmal

	Schwierigkeit	Taktzeit [sec.]	Verfügbarkeit [%]	Mengenleistung [St	Zuverlässigkeit [%]	Bedienbarkeit [%]	Qualitätslst. 1.Art [	Qualitätslst. 2.Art [	Geräuschemission [dB]	Gestellsteifigkeit	Umstellaufwand	Integrationsfhgkt.	Zugänglichkeit	Nietgestalt	Klingengeometrie	Oberfläche Spender	Oberfläche TopCap	Oberfläche Guard Bar	Entwicklungs-schwerpunkte
Sollwert/Optimierungsziel		0,6	85	5100	10	35	98	100	75	Qual	Qual	Qual	Qual	Bild	Maß	Qual	Qual	Qual	
rel. Merkmalsgewicht		6,4	6,1	7,6	6,1	4,7	6,4	5,6	4,7	4,7	4,4	5,1	4,4	4,7	7,8	6,9	7,4	7,1	
Schwierigkeit		9	8	8	6	2	5	4	6	3	2	2	2	8	4	2	2	2	
Entwicklungsschwerpunkte		57	49	61	37	9,31	32	22,5	27,9	14	8,82	10,3	8,82	37	31	14	15	14	
1.1 Einlegen Top Cap	6	10	10	10	10	10	5	10	5	0	5	0	10	0	0	0	10	0	3,9
1.2 Einlegen Oberklinge	9	10	10	10	10	10	10	10	5	0	0	0	10	0	10	0	0	0	6,4
1.3 Einlegen Spacer	9	10	10	10	10	10	10	10	5	0	0	0	10	0	5	0	0	0	6,1
1.4 Einlegen Unterklinge	9	10	10	10	10	10	10	10	5	0	0	0	10	0	10	0	0	0	6,4
1.5 Einlegen Guard Bar	6	10	10	10	10	10	5	10	5	0	5	0	10	0	0	0	0	10	3,9
1.6 Vernieten	9	10	5	5	5	0	10	10	5	0	0	0	0	10	5	0	0	0	5,0
1.7 Übergeben der Klinge	5	10	5	10	5	0	0	0	5	0	0	0	5	0	0	0	0	0	2,0
1.8 Magazinieren in Spend	6	10	5	10	5	10	5	0	10	0	0	0	10	0	0	10	0	0	3,1
1.9 Transfer-/Antriebseinh	9	10	10	10	5	0	0	0	10	0	0	10	5	0	0	0	0	0	4,5
1.10 Steuereinheit Montage	6	10	5	10	0	5	0	0	0	0	10	10	5	0	0	0	0	0	2,3
1.11 Steuereinheit Magazin	6	10	5	10	0	5	0	0	0	0	10	10	5	0	0	0	0	0	2,3
1 Montagesystem für Rasierklingen																			

META-Plan Qualitätsmerkmale | META-Plan Montmod. grob | META-Plan Montmod. fein | META-Plan Realisierung

Bild 7.4: Die Ergebnisse der Arbeitsschritte 4.1, 4.2, 4.4 und 4.5 im META-Plan Montagemodule (grob).

In Arbeitschritt 5.1 wurden die Montagemodule weiter detailliert. Für die Basis- und Steuerungskomponenten wurden Beschaffungsaktivitäten ausgelöst, für die Funktionskomponenten Konstruktionsanweisungen erteilt. Erste Protoypen des Entwicklungsschwerpunkts „Einlegen Oberklinge" wurde in Versuchen analysiert. Mängel bezüglich Geräuschemission wurden bereits zu diesem Zeitpunkt durch Einbindung externer Fachkompetenz auf dem Sektor pneumatischer Dämpfung beseitigt.

Auf Basis der bis zu diesem Entwicklungszeitpunkt detaillierten Modulstruktur werden Prognosen zur Verfügbarkeit und Mengenleistung des Montagesystems erstellt. Die Berechnungsvorschriften der qualitätsorientierten Montagesystementwicklung gemäß Bild 5.19 sind im

Programm implementiert. In die Berechnungen wurden Einflüsse zur fundierten Abwägung unterschiedlicher Maßnahmen miteinbezogen. Bild 7.5 zeigt eine unter anderem durchgeführte Sensitivitätsanalyse der Mengenleistung gegenüber der Pufferkapazität zwischen Modul 1.7 und 1.8 (im Bild links) bzw. dem Störabstand der Vibrationswendelförderer 1.1.1 und 1.5.1 (im Bild rechts).

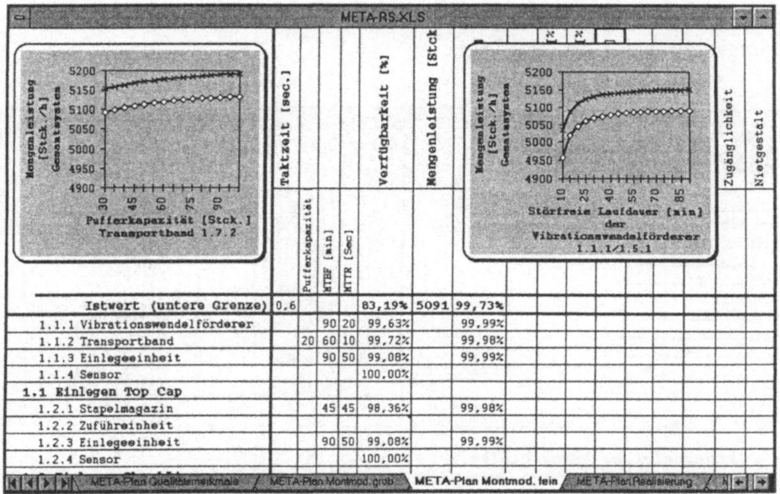

	Taktzeit [sec.]	Pufferkapazität	MTBF [min]	MTTR [Sec]	Verfügbarkeit [%]	Mengenleistung [Stck]	
Istwert (untere Grenze)	**0,6**				**83,19%**	**5091**	**99,73%**
1.1.1 Vibrationswendelförderer			90	20	99,63%		99,99%
1.1.2 Transportband		20	60	10	99,72%		99,98%
1.1.3 Einlegeeinheit			90	50	99,08%		99,99%
1.1.4 Sensor					100,00%		
1.1 Einlegen Top Cap							
1.2.1 Stapelmagazin			45	45	98,36%		99,98%
1.2.2 Zuführeinheit							
1.2.3 Einlegeeinheit			90	50	99,08%		99,99%
1.2.4 Sensor					100,00%		

Bild 7.5: Berechnungen im META-Plan Montagemodule (fein). Die berechneten Istwerte (untere Grenze) sind fett gedruckt. Weiterhin sind Strukturausschnitte der Merkmals- und Komponentenbäume sowie die Graphen der Sensitivitätsanalyse dargestellt.

Mittels der Berechnungen konnten die Pufferkapazitäten zur Erreichung der geforderten Mengenleistung festgelegt werden. Weiterhin wurden zusätzliche Maßnahmen zur Reduzierung der Störhäufigkeit in den Zuführsystemen der Entwicklungsschwerpunkte erarbeitet. Im Entscheidungsschritt des META-Plans wurde unter Beachtung des beträchtlichen Aufwands beim Systembetreiber die mögliche Alternative der Einflußreduzierung im Herstellprozeß der Einzelteile verworfen und Maßnahmen zur Adaption der Montagekomponenten auf die Produkteinflüsse (kompliente Werkstücknester, Auslässe für Beimengungen im Zuführsystem) beschlossen.

7.3.4 Modulrealisierung

Im Rahmen der Modulrealisierung wurden für alle Teilkomponenten die Beschaffungs- bzw. Fertigungsschritte im *META-Plan Realisierungsschritte* aufgelistet und soweit erforderlich detaillierte Spezifikationen erarbeitet. Die Prozeß-FMEA im Arbeitsschritt 6.3 ergab eine besonders hohe Kritizität für die Fertigungsprozesse der Vibrationswendelförderer, die Greifer der Spritzgußteile sowie die Zuführ- und Einlegeeinheiten der Klingen und des „Spacers". Entsprechend wurden die Realisierungsschwerpunkte festgelegt.

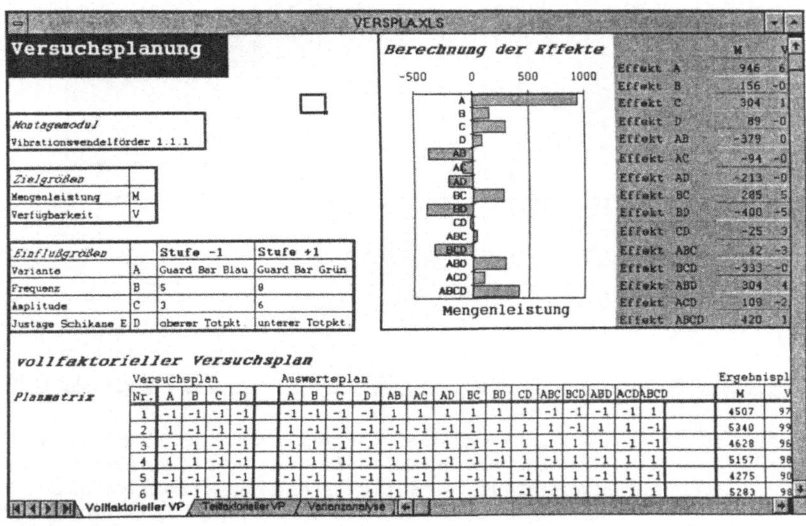

Bild 7.6: *Der Versuchsplan zur Optimierung des Vibrationswendelförderers 1.1.1 im Arbeitsschritt 7.2. Dargestellt sind ebenfalls die Effekte der Faktoren auf die Mengenleistung.*

Nach der Umsetzung der Vibrationswendelförderer wurde das Störverhalten, die maximale Mengenleistung sowie die Bedienbarkeit über alle Varianten in Versuchen ermittelt. Hierzu wurde unterstützend ein Design of Experiment durchgeführt sowie ein Videoaufzeichnungssystem zur detaillierten Störorterfassung über den mehrstündigen Versuchszeitraum eingesetzt. Bild 7.6 zeigt den Versuchsplan mit der Darstellung der Einflußeffekte auf die Mengenleistung. Aufgrund des eminenten Effekts des Faktors „Varianten" (Effekt A im Bild) wurde eine Materialanalyse durchgeführt. Das unterschiedliche Förderverhalten war auf die Verwendung verschiedener Trennmittel der Spritzgußteile zurückzuführen. Der Einfluß konnte eliminiert werden. Auf Basis der real ermittelten Ausbringungsleistung der Vibrationswendelförderer wurde im Arbeitsschritt 7.3 eine erneute Berechnung der Systemmengenleistung durchgeführt, die keine signifikante Abweichung von den geforderten Sollwerten ergab.

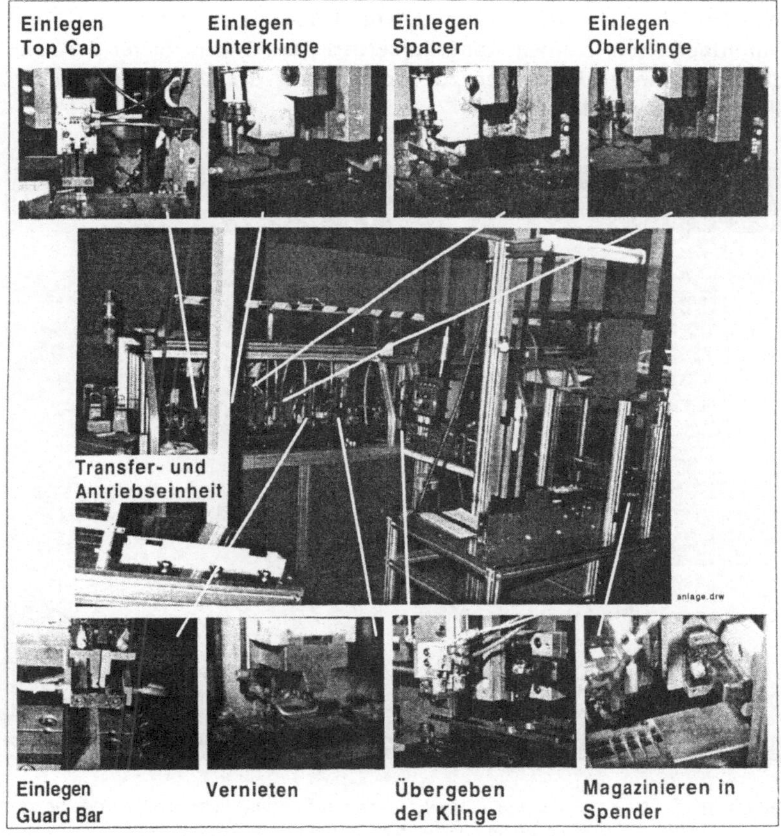

Bild 7.7: Das Montagesystem zur Rasiererkopfmontage.

7.3.5 Moduloptimierung

Bild 7.7 zeigt das realisierte Gesamtsystem mit den Teilkomponenten. Nach Abschluß der Inbetriebnahme wurde eine interne Vorabnahme als Voraussetzung der Lieferfreigabe durchgeführt. Hierbei sollten für das

Merkmal Verfügbarkeit die Fähigkeits-und Potentialwerte ermittelt werden. Die Analyse wird durch das entwickelte Datenerfassungstool unterstützt (s. Bild 7.8). Zur Vorbereitung der Abnahme wurde aus der Datenbasis die Anlagenstruktur (siehe linkes Fenster in Bild 7.8) sowie die im Rahmen der FMEA erarbeiteten potentiellen Störursachen (siehe mittleres Fenster) importiert. Neben der Zuverlässigkeit und Verfügbarkeit gemäß Gleichung 2.4 können weiterhin die Mengenleistung (rechtes Fenster), die unterschiedlichen Qualitätsleistungen sowie Takt- und Durchlaufzeiten manuell ermittelt werden. Das System bietet darüberhinaus Auswertealgorithmen zur Bestimmung der Merkmale und Systemfähigkeitswerte.

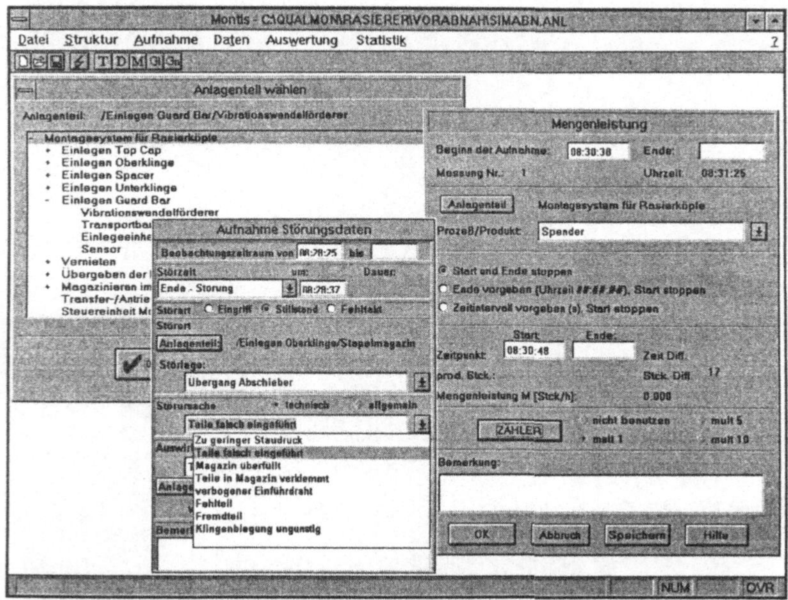

Bild 7.8: Das Werkzeug zur Merkmalsermittlung mit dem Struktureditor, der Störerfassung sowie der Mengenleistungserfassung.

Die Analyse über einen Zeitraum von 18 Stunden ergab einen Potentialwert von P_s = 2,56 und einen Systemfähigkeitswert von P_{sk} = 0,77. Aufgrund des geringen Fähigkeitswerts mußten weitere Optimierungsmaßnahmen initiiert werden, wie z.B. die Anbringung von Schnellverschlußmechanismen an den Störschwerpunkten der Transportbänder zur Reduzierung der Reparaturdauer. Das Potential zeigt, daß bei optimalen Betriebsbedingungen ein stabiler Betrieb des Montagesystems erwartet werden kann.

Im Arbeitsschritt 8.5 wurde nach der Wiederinbetriebnahme beim Systembetreiber parallel zur Ermittlung der Fähigkeit des Montagesystems in der realen Umgebung ein vergleichbares System mit identischen Betriebsbedingungen analysiert. Die Verfügbarkeitsverläufe sowie die Werte der Systemfähigkeit und des Systempotentials beider Anlagen vergleicht Bild 7.9.

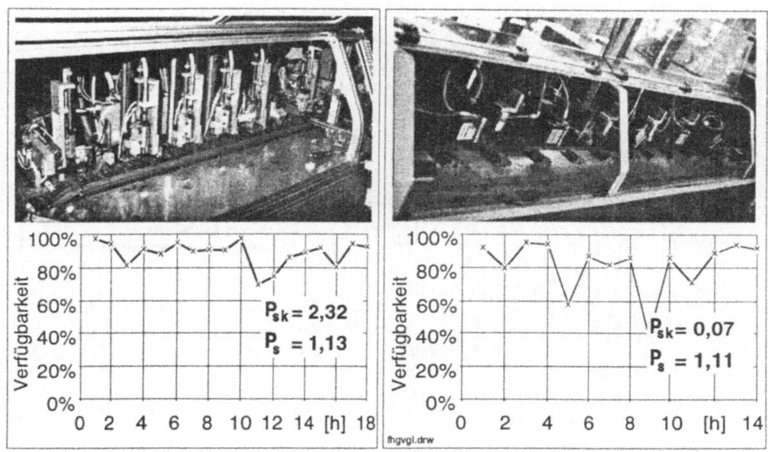

Bild 7.9: *Vergleich zweier ähnlicher Anlagen mit Fähigkeitskennzahlen, links das Initialprojekt.*

Der Vergleich der Zeitreihen zeigt, daß die Anlage links im Bild einen deutlich stabileren Lauf aufweist und folglich Toleranzabweichungen, mangelhafte Teilehygiene der Produkte u.ä. besser kompensiert. Die Fähigkeit konnte deutlich gesteigert werden. Die beträchtliche Streuung der Vergleichsanlage ist auf eine Störhäufung an einzelnen Komponenten sowie auf Störungen mit langer Behebungsdauer zurückzuführen. Bei beiden Anlagen ist das Systempotential nur geringfügig größer als 1. Das bedeutet, selbst bei optimal wirkenden Betriebsbedingungen können die Sollwerte nur knapp eingehalten werden. Eine weitere Qualitäts- bzw. Leistungssteigerung ist nur durch Änderungen des technischen Systems der Anlagen zu erreichen. Das Initialprojekt wurde mit dem Beleg der Qualitätsverbesserung gegenüber einer Vergleichsanlage und der Einhaltung der Fähigkeitswerte und Sollforderungen abgeschlossen.

Für den Zeitraum der Gewährleistungsphase soll eine kontinuierliche Qualitätsüberwachung der Mengenleistung erfolgen. Bild 7.10 zeigt die ermittelte Zeitreihe der Mengenleistung. Dabei zeigt sich, daß die Sollmengenleistung im Mittel nicht eingehalten werden konnte. Ursachen hierfür verdeutlicht die fett gezeichnete Linie des gleitenden Durchschnitts zur Extraktion saisonaler Schwankungen. Es konnte aufgezeigt werden, daß gravierende Differenzen in der Schichtleistung des Montagesystems bestehen. die auf eine stark variable Bedienermotivation zurückzuführen war. Weiterhin war in den Schichtwechselphasen sowie den Stunden vor und nach Pausen eine Reduzierung der mittleren Mengenleistung auf 3100 Stck/h zu verzeichnen. Die Ursachen der mangelnden Fähigkeit lagen daher im Verantwortungsbereich des Systembetreibers.

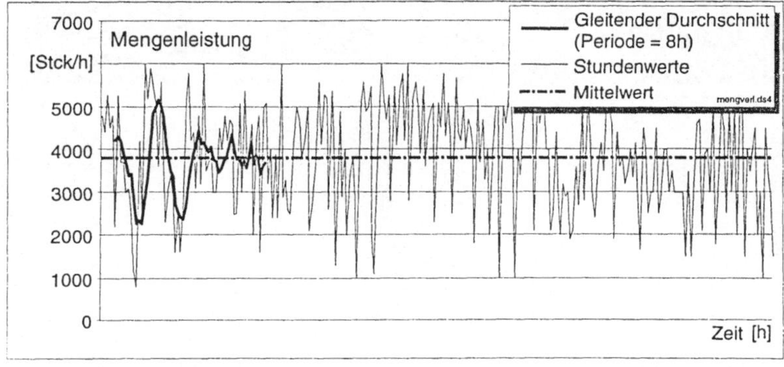

Bild 7.10: Ausschnitt aus der Zeitreihe der Mengenleistung des Initialprojekts in der Gewährleistungsphase (15 Produktionstage, 343 Stundenintervalle).

7.4 Bewertung der Methode

Eine objektive, **quantitative Bewertung** der Methode zur qualitätsorientierten Montagesystementwicklung hinsichtlich Qualitätssteigerung, Kosten- und Entwicklungszeitreduzierung ist nur durchführbar, wenn das identische Entwicklungsprojekt unter den gleichen Randbedingungen aber ohne die systematische Vorgehensweise abgewickelt wird und damit einen Referenzwert liefert. Da eine redundante Planung aus einsichtigen Gründen allerdings kaum tragbar ist, ist dies nicht möglich.

Eine theoretische Betrachtung der Wirtschaftlichkeit scheitert weiterhin aus folgenden Gründen:

- Einsparungen durch Effizienzsteigerung der Methodenanwendung bei wiederholter Durchführung sowie bei Aufbau einer Qualitätsdatenbasis sind nicht quantifizierbar.
- Die durch die Methodenanwendung eingesparten Fehler- und Fehlerfolgekosten können nicht erfaßt werden.
- Ein Vergleich zwischen den Qualitätskosten herkömmlicher Projekte und dem durchgeführten Initialprojekt ist nicht möglich, da Qualitätskosten bislang im Unternehmen nicht ermittelt wurden.

In der Konsequenz beschränkt sich die Bewertung der Methode auf einen qualitativen Aufwands-Nutzen-Vergleich (s. Bild 7.11) sowie einer **subjektiven Einschätzung der Vorteile** während der Abwicklung des Initialprojekts.

Aufwand	Nutzen
• Bereitstellung zusätzlicher Ressourcen (Kapazität, Finanzmittel) zur Einführung der qualitätsorientierten Montageplanung, z.B. zum Aufbau der Rechnerstruktur; • Zusatzaufwand gegenüber konventioneller Montageplanung durch verstärkten Methodeneinsatz; • Erhöhter Zeiteinsatz in den frühen Planungsphasen; • Beratungsaufwand (intern oder extern) während der Projektdurchführung; • Mehraufwand durch Personalqualifizierungsmaßnahmen.	• Einsparpotential durch Entfall von Optimierungsschleifen; • Reduzierung der Time To Customer; • Langfristige Sicherung des Kundenstamms; • Geringere Fehler-, Fehlerfolgekosten; • Reduzierter Absicherungsaufwand bei transparenten und qualitativ besseren Ergebnissen; • Effizienzsteigerung bei der Anwendung der z.T. geforderten Qualitätsmethoden (FMEA, Fähigkeitsanalyse); • Erfahrungsgewinn der Mitarbeiter; • kontinuierliche Wissenssicherung durch Einsatz von Rechnertechnik und Datenbanken; • Minimierung des Abnahme- und Gewährleistungsrisikos; • Reduzierung des Betriebsaufwands der Anlagen.

Bild 7.11: Qualitativer Aufwand-Nutzen-Vergleich der qualitätsorientierten Montageplanung.

Nichtmonetäre Vorteile ergeben sich im besonderen durch die Synergieeffekte der im Team erarbeiteten, auf den Kunden ausgerichteten Inhalte. Die Anwendung der Methode wird entsprechend der Erfahrung aus der Einführungsveranstaltung von den Kunden positiv bewertet, wodurch eine langfristige Sicherung des Kundenstamms deutlich gefördert wird. Die klare und eindeutige Handlungsanweisung des Verfahrens bietet eine Orientierungshilfe für alle Teammitglieder. Die durchgängige Ausrichtung der Aktivitäten auf den Erfolgsfaktor Qualität bis auf die Ebene der Fertigung und Inbetriebnahme fördert Entscheidungsprozeß und -transparenz. Die differenzierte Einflußbetrachtung nach Projektabschluß in der vorrangig juristisch bedeutsamen Abnahme ermöglicht eine weitgehend neutrale Überprüfung der Vertragserfüllung. Weitere Vorteile werden durch Humanfaktoren wie Motivation und Qualitätsbewußtsein der Mitarbeiter hervorgerufen. Durch eine kontinuierliche Informationssammlung und -verdichtung im Vorfeld der Methode ist der Vorbereitungs- und Zeitaufwand für die Anwendung der QE-Werkzeuge (FMEA, DoE, SPC/SSC) geringer. Eine intensive Einarbeitung im Vorfeld ist nicht erforderlich, da die Teammitglieder bereits den bisherigen Planungsverlauf begleiten. Sowohl Einsatzzeitpunkt als auch Anwendungstiefe sind durch die Methode der qualitätsorientierten Montagesystementwicklung weitgehend vorgegeben, so daß auch hier etwaige Unsicherheiten in der Nutzung beseitigt werden können. Allgemein war die Werkzeuganwendung von einer großen Akzeptanz geprägt. Allerdings ist eine durchgängige Rechnerunterstützung und der Zugriff auf ein gemeinsame Datenbasis dringend erforderlich.

Zusammenfassend läßt sich aussagen, daß die Methode der qualitätsorientierten Montagesystementwickelung in ihren wesentlichen Teilbereichen positiv bestätigt werden konnte. Grundsätzlich sind es jedoch die Mitarbeiter, die den dauerhaften Erfolg des Methodeneinsatzes sicherstellen. Dahingehend ist eine auf Motivation und Qualifikation der Mitarbeiter ausgerichtete Unternehmens- und Personalführung auch hier als entscheidendes Fundament anzusehen.

8 Zusammenfassung

Ziel der vorliegenden Arbeit ist die Konzeption, Implementierung und Umsetzung einer Methode zur qualitätsorientierten Entwicklung und Bewertung automatisierter Montagesysteme.

Die Motivation der Arbeit ist in den zunehmenden Forderungen an die Ausbringungsleistung automatisierter Montagesysteme bei gleichzeitig minimalem Betriebsaufwand begründet. Diese Forderungen müssen vom Systemhersteller häufig ungeachtet der variablen Betriebsbedingungen während des Nutzungszeitraums stabil erfüllt werden. Qualitätsanalysen an Montagesystemen zeigen die zu berücksichtigenden komplexen Wechselwirkungen auf und verdeutlichen die Notwendigkeit einer umfassenden Entwicklungsmethode. In der Literatur exisitieren hierzu zahlreiche Methoden zur Montageplanung, eine Integration der unter Qualitätsaspekten wesentlichen Realisierungs-, Inbetriebnahme- und Betriebsphasen der Montagesysteme wird jedoch häufig nur am Rande berührt. Die Einbindung von Werkzeugen zur präventiven Qualitätssicherung unterbleibt bei der konventionellen Montageplanung meist vollständig. Diese Werkzeuge sind unter dem Begriff des Quality Engineering (QE) bekannt. Sie werden vorrangig im Bereich der Serienprodukte eingesetzt, eine Einbindung in die Entwicklung von Sondermaschinen und damit eine effiziente Integration des Qualitätsmanagements und der Montagesystementwicklung ist zur Verbesserung der Produkt- und Systemeigenschaften erforderlich.

Als Lösungsansatz wird ein Phasenmodell vorgestellt, das von der Modulkonzeption bis zur Moduloptimierung den Lebenszyklus der Montagesysteme begleitet. In den Phasen werden elementare Arbeitsschritte zur Sicherstellung der Fähigkeit, also zur Sicherstellung der reproduzierbaren Erfüllung vorgegebener Qualitätsmerkmale, bearbeitet. Die Arbeitsschritte greifen so ineinander, daß zeitlicher Mehraufwand bei der Anwendung der QE-Werkzeuge weitgehend vermieden werden.

Die Realisierung des Lösungsansatzes wird durch das Werkzeug des META-Plans unterstützt. Die Bearbeitung der META-Pläne über alle Phasen der Entwicklungsmethode stellt ein stringentes Vorgehenskonzept für den Montageplaner dar, das ihn bei der problemorientierten Anwendung fähigkeitssteigernder Methoden unterstützt. Gleichzeitig wird die Transparenz der Kundenforderungen über den gesamten Entwicklungszeitraum sichergestellt, wodurch der Aspekt der Kundenorientierung im Sondermaschinenbau entscheidend gefördert wird. Zur Unterstützung der Implementierung und Anwendung der entwickelten Methode werden organisatorische Hinweise für die Einbindung der zusätzlich entstehenden Aufgaben in die Aufbauorganisation der meist mittelständischen Unternehmensstrukturen erarbeitet. Weiterhin erfolgt die Grundkonzeption einer datentechnischen Realisierung. Anhand eines Anwendungsbeispiel zur Gestaltung eines fähigen Montagesystems wird die Praxistauglichkeit der Entwicklungsmethode nachgewiesen.

Als Haupteinsatzgebiet wurde zunächst die Neuentwicklung vollautomatisierter, eingeschränkt flexibler Montageautomaten für die Elektro- und Feinwerkindustrie identifiziert. Nichtsdestotrotz ist eine Ausweitung des Einsatzgebiets und eine allgemeine, breite Anwendung in der Montageplanung denkbar. Sowohl die META-Pläne als auch das organisatorische und informationstechnische Konzept lassen dies in jedem Fall zu. Lediglich einige spezielle qualitätsbezogene Arbeitsschritte müssen hinsichtlich ihrer Adaptierbarkeit überprüft werden. Diesbezüglich konnten keine Erfahrungen gesammelt werden.

Die Schwerpunkte zukünftiger, weiterführender Arbeiten müssen auf der vollständigen datentechnischen Integration des Quality Engineering und der Montagesystementwicklung liegen. Hierzu sind Arbeiten auf dem Gebiet der Nutzung von Fehlerwissen im Planungsbereich erforderlich und eine Einbindung in Projektierungs- und Konstruktionssysteme zu überprüfen. Hilfreich hierbei ist zudem ein Katalog fähiger Montagekomponenten, die mit Fähigkeitsinformationen bei unterschiedlichen Betriebsbedingungen beschrieben sind. Weiterhin eignet sich der vorgestellte Bewertungsansatz zur Integration in die Steuerungssysteme der Montageanlagen. Die automatisierte Aufzeichnung ausgewählter Qualitätsmerkmale durch die MDE-Systeme der Montageanlagen verknüpft mit einer eigenständigen Identifizierung kritischer Ursachenwirkung durch die statistische Analyse der Daten scheinen hier der geeignete Ansatz. Der wesentliche Punkt der Wissensakquise von montageorientierten Qualitätsinformationen kann dadurch deutlich vereinfacht werden.

9 Literaturverzeichnis

ABELS 1993
Abels, S.: Modellierung und Optimierung von Montageanlagen in einem integrierten Simulationssystem. München: Carl Hanser 1993.

AMANN & HARTBERGER 1990
Amann, W.; Hartberger, H.: Produktionssysteme modellieren und simulieren. ZwF 85 (1990) 7.

AMMER 1985
Ammer, E.-D.: Rechnerunterstützte Planung von Montageablaufstrukturen für Erzeugnisse der Serienfertigung. Berlin: Springer 1985.

ANDREASEN U.A. 1985
Andreasen, M. M.; Kähler, S.; Lund, T.: Montagegerechtes Konstruieren. Berlin: Springer 1985.

BACKHAUS 1995
Backhaus, K.: Investitionsgütermarketing. München: Franz Vahlen 1995.

BIROLINI 1991
Birolini, A.: Qualität und Zuverlässigkeit technischer Systeme. Berlin: Springer 1991.

BITTER U.A. 1986
Bitter, P.; Groß, H.; Hillebrand, H.; Trötsch, E.: Technische Zuverlässigkeit. Berlin: Springer 1986.

BLICK DURCH DIE WIRTSCHAFT 1996
Der Produktivitätsvorsprung wird geringer. Frankfurt: Frankfurter Allgemeine Zeitung (1996) 58.

BLÜMEL 1987
Blümel, G.: Forderungen an die Prozeßfähigkeit. QZ 32 (1987) 5, S. 223-227.

BOOTHROYD U.A. 1994
Boothroyd, G.; Dewhurst, P.; Knight, W.: Product design for manufacture and assembly. New York: Dekker 1994.

BRAUER 1996
Brauer, J.-P.: Entwicklung eines Modells für eine rechnerunterstützte Qualitätswissensbasis. Berlin: Fhg/IPK 1996. (Dissertation).

BRUNNER 1987
Brunner, F. F.: Einfluß der Qualität auf die Betriebswirtschaft im Unternehmen. CIM-Management 3 (1987) 2, S. 12-18.

BRUNNER 1989
Brunner, F. J.: Die Taguchi-Optimierungsmethoden. QZ 34 (1989) 7, S. 339-344.

BRUNNER 1990
Brunner, W.: Ein Beitrag zur Produkt-Produktions-Optimierung am Beispiel der Planung von teilautomatisierten Montagesystemen. Bochum: 1990. (Dissertation).

BULLINGER 1986
Bullinger, H.J. (Hrsg.); Ammer, D.; u.a.: Systematische Montageplanung. München: Carl Hanser 1986.

BULLINGER U.A. 1993
Bullinger, H.J.; Rieth, D.; Euler, H.P.: Planung entkoppelter Montagesysteme. Stuttgart: Teubner 1993.

DAENZER 1994
Haberfellner, R.; Nagel, P.; Becker, M.; Büchel, A.; von Massow, H.; Daenzer, W.F. (Hrsg.): Systems Engineering. Zürich: Verlag Industrielle Organisation 1994.

DEUTSCHLÄNDER 1989
Deutschländer, A.: Integrierte rechnerunterstützte Montageplanung. München: Carl Hanser 1989.

DIETRICH & SCHULZE 1995
Dietrich, E.; Schulze, A.: Statistische Verfahren zur Maschinen- und Prozeßqualifikation. München: Carl Hanser 1995.

DIN-NORM 25419 1985
DIN 25419: Ergebnisablaufanalyse. Berlin: Beuth 1985.

DIN-NORM 25424 1981A
DIN 25424, Teil1: Fehlerbaumanalyse, Methode und Bildzeichen. Berlin: Beuth 1981.

DIN-NORM 25448 1990
DIN 25448: Ausfalleffektanalyse (Fehler-Möglichkeits- und -Einfluß-Analyse). Berlin: Beuth 1990.

DIN-NORM 40041 1990
DIN 40041: Zuverlässigkeit. Berlin: Beuth 1990.

DIN-NORM 8593 1985
DIN 8593: Fertigungsverfahren Fügen: Einordnung, Unterteilung, Begriffe. Berlin: Beuth 1985.

DIN-NORM EN ISO 8402 1994

DIN EN ISO 8402: Qualitätsmanagement und Qualitätssicherung - Begriffe. Berlin: Beuth 1994.

DIN-NORM EN ISO 9001 1994

DIN EN ISO 9001: Qualitätsmanagementsysteme/QM-Darlegung in Design, Entwicklung, Produktion, Montage und Wartung. Berlin: Beuth 1994.

EBNER 1996

Ebner, C.: Qualitätsmanagement unter Verwendung von Felddaten. Berlin: Springer 1996. (iwb-Forschungsberichte Nr. 101).

EDENHOFER & KÖSTER 1991

Edenhofer, B; Köster, A.: Systemanalyse: Die Lösung FMEA optimal zu nutzen. QZ 36 (1991) 12, S. 699-704.

EHRLENSPIEL 1995

Ehrlenspiel, K.: Integrierte Produktentwicklung - Methoden für Prozeßorganisation, Produkterstellung und Konstruktion. München: Carl Hanser 1995.

EVERSHEIM 1989

Eversheim, W.: Fertigung und Montage. Düsseldorf: VDI-Verlag 1989. (Organisation in der Produktionstechnik, Band 4).

EVERSHEIM 1989B

Eversheim, W.: Simultaneous Engineering - eine organisatorische Chance. Düsseldorf: VDI-Verlag 1989, S. 1-26. (VDI-Berichte Nr. 758).

EVERSHEIM 1990

Eversheim, W. (Hrsg.): Inbetriebnahme komplexer Maschinen und Anlagen. Düsseldorf: VDI-Verlag 1990.

EVERSHEIM U.A. 1986

Eversheim, W. u.a.: Beurteilung flexibler Montagesysteme. VDI-Z 128 (1986) 14, S. 551-556.

EVERSHEIM U.A. 1996

Eversheim, W.; Dohms, R.; Schares, L.: Technische Auftragsklärung im Sondermaschinen- und Anlagenbau. Aachen: 1996.

FELDMANN 1996

Feldmann, C.: Eine Methode für die integrierte rechnergestützte Montageplanung. Berlin: 1996 (iwb-Forschungsberichte).

FLAMM 1995
Flamm, R.: Entwicklung eines Systemkonzeptes zur wissensbasierten, systemtechnisch unterstützten Versuchsmethodik. Frankfurt: FQS-Schrift (1995) 4

FORD 1991
Ford: Prozeßfähigkeit (Richtlinie). 1991.

FRANZKOWSKI 1994
Franzkowski, R.: Versuchsmethodik. In: Masing, W. (Hrsg.): Handbuch Qualitätsmanagement, 3. Aufl. München: Carl Hanser 1994, S. 491-528.

FRAUENFELDER 1995
Frauenfelder, M.: Montage eines Massenprodukts auf einer Hochleistungsanlage. In: 12. Deutscher Montagekongreß, München. Landsberg: mi-Verlag 1995. ohne Seite

GANGHOFF 1993
Ganghoff, P.: Wissensbasierte Unterstützung der Planung technischer Systeme. Karlsruhe: 1993. (Dissertation).

GÖTTMANN 1995
Göttmann, K.-J.: Modellansatz zur Übertragbarkeit in der Automobilzulieferindustrie erfolgreich eingesetzter Qualitätskonzepte auf andere Branchen. München: Carl Hanser 1995.

GRABOWSKI U.A. 1993
Grabowski, H.; Anderl, R.; Polly, A..: Integriertes Produktmodell. Berlin: Beuth 1993.

GROB & HAFFNER 1982
Grob, R.; Haffner, H.: Planungsleitlinien Arbeitsstrukturierung. Berlin: Siemens AG 1982.

HARTUNG 1994
Hartung, S.: Methoden des Qualitätsmanagements für die Produktplanung und -entwicklung. Aachen: Shaker 1994.

HARTUNG U.A. 1995
Hartung, J. u.a.: Statistik - Lehr- und Handbuch der angewandten Statistik. 10. Aufl. München: Oldenbourgh 1995.

HEISEL U.A. 1995
Heisel, U.; Reinhart, G.; Lindermaier, R.; Gräser, R.-G.; Richter, F.; Stehle, T.: Einfluß des thermischen Verhaltens auf die Arbeitsgenauigkeit von Industrieroboter. Roboter 1995. S. 32-34.

HENGEL & VOIGT 1996
Hengel, K.; Voigt, G.: Intelligenter Umgang mit Informationen. QZ 41 (1996)3, S. 304-307.

HERING U.A. 1993
Hering, E.; Triemel, J.; Blank, H.-P.: Qualitätssicherung für Ingenieure. Düsseldorf: VDI-Verlag 1993.

HESSE 1993
Hesse, S.: Montagemaschinen. Würzburg: Vogel 1993

HIRANO 1992
Hirano, H.: Poka-Yoke - Verbesserung der Qualität durch Vermeiden von Fehlern. Landsberg: mi-Verlag 1992.

HOFFMANN 1997
Hoffmann, J.: Entwicklung eines QFD-gestützten Verfahrens zur Produktplanung und -entwicklung für kleine und mittlere Unternehmen. Berlin: Springer 1997.

JURAN 1989
Juran, J.M.: Handbuch der Qualitätsplanung. Landsberg: mi-Verlag 1989.

JURAN 1993
Juran, J.M.: Qualität von Anfang an. Landsberg: mi-Verlag 1993.

KADEN 1988
Kaden, W.: Bau und Betrieb von Anlagen. In: Masing, W. (Hrsg.): Handbuch Qualitätsmanagement, 2. Aufl. München: Carl Hanser 1988, S. 511-519.

KAMISKE 1996
Kamiske, G. (Hrsg.): ABC des Qualitätsmanagements. München: Carl Hanser 1996

KERSTEN 1994
Kersten, G.: Integrierte Methodenanwendung in der Entwicklung. In: Masing, W. (Hrsg.): Handbuch Qualitätsmanagement, 3. Aufl. München: Carl Hanser 1994, S. 427-444.

KETTNER 1988
Kettner, P.: Konzeption eines Informationssystems für die Planung automatisierter Montagesysteme. München: Carl Hanser 1988.

KFK 1989
Benz, A.; Nagel, D.: PRIMOS-Konzeption und Auslegung von Montageanlagen. Karlsruhe: Kernforschungszentrum 1989. (Forschungsbericht KfK-PFT 149).

KRAUSE U.A. 1993

Krause, F.-L.; Ulbrich, A.; Woll, R.: Methods for Quality-Driven Product Development In: Annals of the CIRP, Vol. 42. 1993, S. 151-154.

KRING 1989

Kring, J.R.: Ein Modell für ein integriertes Qualitäts- und Prüfplanungssystem in der Montage. Berlin: Springer 1989.

KROTTMAIER 1994

Krottmaier, J.: Versuchsplanung: ein integraler Bestandteil der TQM-Strategie. Köln: Verlag TÜV Rheinland 1994.

LANGLOTZ U.A. 1992

Langlotz, G.; Rude, S.; Meis, E.: Methodische Beschreibung integrierter Produkt- und Produktionsmodelle. In: Öffentliches Kolloquium des SFB 346. Karlsruhe: Universität Fridericiana 1992.

LOTTER 1992

Lotter, B.: Wirtschaftliche Montage - Ein Handbuch für Elektrogerätebau und Feinwerktechnik. Düsseldorf: VDI-Verlag 1992.

LOTTER 1995

Lotter, B.: Unternehmerische Innovation, eine Alternative zur Verlagerung der Montage in Niedriglohnländer. In: 12. Deutscher Montagekongreß, München. Landsberg: mi-Verlag 1995, ohne Seitenangabe.

LOTTER 1996

Lotter, B.: Automatische Montage - eine Alternative zum Niedriglohnland. In: Wiendahl, H.-P.(Hrsg.): Dezentrale Produktionsstrukturen. IFA-Kolloquium, Hannover: 1996.

MERZ 1987

Merz, K.-P.: Entwicklung einer Methode zur Planung der Struktur automatisierter Montagesysteme. Aachen: 1987.

MILBERG 1994

Milberg, J.: Unsere Stärken stärken - Der Weg zu Wettbewerbsfähigkeit und Standortsicherung. In: Reinhart, G. (Hrsg.); Milberg, J. (Hrsg.): Unsere Stärken stärken, München. Landsberg: mi-Verlag 1994, S. 13-31.

MILBERG U.A. 1997

Milberg, J.; Reinhart, G.; Cuiper, R.; Feldmann, C.; von Praun, S.: Integrierte Montageplanung im Verbund mit der Konstruktion und als Basis für die Produktion. In: Sonderpublikation: Sonderforschungsbereich 336 - Montageautomatisierung durch Integration von Konstruktion und Montageplanung (Berichtsband 1995 - 1997). München: TU München Eigenverlag 1997, S.49-78.

MOHR 1991
Mohr, G.: Qualitätsverbesserung im Produktionsprozeß. Würzburg: Vogel 1991.

MONQUIS 1996
MONQUIS-Konsortium (Hrsg.): Montageorientiertes Qualitätsinformationssystem und Methodeneinsatz des Qualitätsmanagements. (Entwurf des Beratungshandbuchs zum EUREKA-FAMOS-Projekt MONQUIS) Chemnitz: 1996.

NOWACK 1994
Nowack, H.: Statistische Prozeßlenkung. In: Masing, W. (Hrsg.): Handbuch Qualitätsmanagement. München: Carl Hanser 1994, S. 567-587.

ORENDI 1993
Orendi, G.: Systemkonzept für die phasenneutrale Fehlerbehandlung als Voraussetzung für den Einsatz präventiver Qualitätssicherungsverfahren. Aachen: Shaker 1993.

PAHL & BEITZ 1993
Pahl, G.; Beitz, W.: Konstruktionslehre - Methoden und Anwendung. 3. Aufl. Berlin: Springer 1993.

PFEIFER 1993
Pfeifer, T.: Qualitätsmanagement : Strategien, Methoden, Techniken. München: Carl Hanser 1993.

PFEIFFER 1994
Pfeiffer, F.: Dynamik von Teilprozessen der Montage. In: Ehrlenspiel, K.: Arbeits- und Ergebnisbericht des SFB336. München: TU-München 1994, S. 231-258.

PUHR-WESTERHEIDE 1990
Puhr-Westerheide, J.: Beschaffung und Abwicklung komplexer Montageanlagen - ein Erfahrungsbericht. In: Praxis der Montageautomatisierung '90, (VDI-Bericht 871). Düsseldorf: VDI-Verlag 1990, S. 15-25.

QUENTIN 1994
Quentin, H.: Versuchsmethoden im Qualitäts-Engineering. Braunschweig: Vieweg 1994.

RAMMELMÜLLER 1993
Rammelmüller, B.: Ein neues Maß für die Prozeßfähigkeit. QZ 38 (1993) 9, S. 525-527.

REFA 1990
REFA - Verband für Arbeitsstudien (Hrsg.): Planung und Gestaltung komplexer Produktionssysteme. München: Carl Hanser 1990. (Methodenlehre der Betriebsorganisation).

REINHART & LINDERMAIER 1994
Reinhart, G.; Lindermaier, R.: Ermittlung, Darstellung und Nachweis der Systemfähigkeit von Montageautomationsanlagen. (AiF-Zwischenbericht, AiF-Nr. 9176).

REINHART & LINDERMAIER 1996
Reinhart, G.; Lindermaier, R.: Eine neue Eigenschaft ? Schweizer Maschinenmarkt (1996) 9, S. 26-28.

REINHART 1995
Reinhart, G.: Qualität, Kosten, Zeit - Erfolgsfaktoren für die Montage. In: 12. Deutscher Montagekongreß, München. Landsberg: mi-Verlag 1995, ohne Seitenangabe

REINHART 1997
Reinhart, G.: Innovative Prozesse und Systeme - Der Weg zu Flexibilität und Wandlungsfähigkeit. In: Reinhart, G. (Hrsg.); Milberg, J. (Hrsg.): Mit Schwung zum Aufschwung - Information, Inspiration, Innovation, München. Landsberg: mi-Verlag 1997.

REINHART U.A. 1996
Reinhart, G.; Lindemann, U.; Heinzl, J.: Qualitätsmanagement, Ein Kurs für Studium und Praxis. Berlin: Springer 1996.

REINISCH 1990
Reinisch, H.: Datenbank für Betriebsmittel der Montageautomatisierung. München: ZwF (1990) 7. S.352-356.

REISCH 1978
Reisch, D.: Die Berücksichtigung der Zuverlässigkeits- und Verfügbarkeitsanforderungen bei der Planung von Maschinensystemen. Hannover: 1978. (Dissertation).

REITHOFER 1987
Reithofer, N.: Nutzungssicherung von flexibel automatisierten Produktionsanlagen. Berlin: Springer 1987. (iwb-Forschungsberichte Nr. 10).

RINNE & MITTAG 1989
Rinne, H.; Mittag, H.-J.: Statistische Methoden der Qualitätssicherung. München: Carl Hanser 1989.

ROßGODERER & WOENCKHAUS 1995
Roßgoderer, U.; Woenckhaus C.: A Concept for Automatical Layout Generation. In: Proceedings of the 1995 IEEE International Conference of Robotics and Automation, Nagoya: (1995) Vol.1, S. 800-805.

RUFFING 1993B
Ruffing, B.: Prozesse durch Kennwerte fähig beurteilen. QZ 38 (1993) 4, S. 241-244.

RUMBAUGH U.A. 1993
Rumbaugh, J.; Blaha, M.; Premerlani, W.; Eddy, F.: Objektorientiertes Modellieren und Entwerfen. München: Carl Hanser 1993.

SCHÄFER 1992
Schäfer, G.: Integrierte Informationsverarbeitung bei der Montageplanung. München: Carl Hanser 1992.

SCHLÜTER 1989
Schlüter, K.: Nutzungsgradsteigerung von Montagesystemen durch den Einsatz von Simulationstechnik. München: Carl Hanser 1989.

SCHMIDT & GANGHOFF 1991
Schmidt, J.; Ganghoff, P.: Wissensbasierte Planung der Aufbau- und Ablaufstruktur von Montagesystemen. VDI-Z 133 (1991) 11, S. 85-92.

SCHMIDT 1992
Schmidt, M.: Konzeption und Einsatzplanung flexibel automatisierter Montagesysteme. Berlin: Springer 1992. (iwb-Forschungsberichte Nr. 41).

SCHNEPF 1995
Schnepf, P.: Zielkostenorientierte Montageplanung. München: Carl Hanser 1995 (Dissertation).

SCHOLZ 1989
Scholz, W.: Modell zur datenbankgestützten Planung automatisierter Montageanlagen. München: Carl Hanser 1989.

SCHULER 1991
Schuler, W.: FMEA: Das Geheimnis der ersten beiden Spalten. QZ 36 (1991) 8, S. 474-479.

SCHULZ-KRATZENBERG 1993
Schulz-Kratzenberg, S.: Instandhaltungsplanung automatischer Montageanlagen. Düsseldorf: VDI-Verlag 1993.

SCHUSTER 1992
Schuster, G.: Rechnergestützes Planungssystem für die flexibel automatisierte Montage. Berlin: Springer 1992. (iwb-Forschungsberichte Nr. 55).

SELIGER 1988
Seliger, G.: Integrierte Montageplanung. ZwF CIM Sonderheft 1988, S. 45-47.

SELIGER U.A. 1994
Seliger, G., Groth, A.; Weber, H.: Verfahren zur Ermittlung und Verfolgung der Qualitätsfunktion durch Zustandsmodellierung. In: Pfeifer, T.: Innovative Qualitätssicherung in der Produktion, Berichtskolloquium zum DFG Schwerpunktprogramm. Aachen: 1994.

SPATH U.A. 1995
Spath, D.; Hartel, M.; Kohlmeyer, R.: Montagefehler frühzeitig vermeiden. Kontrolle (1995) 9, S. 4-6.

SPUR & STÖFERLE 1986
Spur, G.; Stöferle, T. (Hrsg.): Fügen, Handhaben und Montieren. München: Carl Hanser 1986. (Handbuch der Fertigungstechnik, Band 5).

SPUR 1996
Spur, G.: Schlüsseltechnologie Automatisierung. ZwF 91 (1996) 4, S. 120-121.

VON STETTEN 1977
von Stetten, R.: Auslegung von Störungspuffern in Kapitalintensiven Fertigungslinien Mainz: Krausskopf 1977.

TAGUCHI 1986
Taguchi, G.: Quality Engineering. München: gmft-Verlag 1986.

VDA 1986
VDA (Hrsg.): Sicherung der Qualität vor Serieneinsatz. Frankfurt: 1986, S. 24-79. (Qualitätskontrolle in der Automobilindustrie 4).

VDI-RICHTLINIE 2221 1993
VDI 2221: Methodik zum Entwickeln und Konstruieren technischer Systeme und Produkte. Düsseldorf: VDI-Verlag 1993.

VDI-RICHTLINIE 2247 1994
VDI 2247: Qualitätsmanagement in der Produktentwicklung. Düsseldorf: VDI-Verlag 1993.

VDI-RICHTLINIE 2860 1990
VDI 2860: Montage- und Handhabungstechnik, Begriffe, Symbole, Definitionen. Düsseldorf: VDI-Verlag 1990.

VDI-RICHTLINIE 3423 1993
VDI 3423: Auslastungsermittlung für Maschinen und Anlagen (Entwurf). Düsseldorf: VDI-Verlag 1993.

VDI-RICHTLINIE 4004 1986A
VDI 4004, Blatt 2: Zuverlässigkeitskenngrößen, Überlebenskenn grössen. Düsseldorf: VDI-Verlag 1986.

VDI-RICHTLINIE 4004 1986B
VDI 4004, Blatt 4: Zuverlässigkeitskenngrößen, Verfügbarkeitskenngrößen. Düsseldorf: VDI-Verlag 1986.

VDI-RICHTLINIE 4004 1986C
VDI 4004, Blatt 1: Zuverlässigkeitskenngrößen, Übersicht. Düsseldorf: VDI-Verlag 1986.

VDI-RICHTLINIE 4008 1986A
VDI 4008, Blatt 3: Markoff- Zustandänderungsmodelle mit endlich vielen Zuständen. Düsseldorf: VDI-Verlag 1986.

VDI-RICHTLINIE 4008 1986B
VDI 4008, Blatt 2: Boolesches Modell. Düsseldorf: VDI-Verlag 1986.

VDMA 1992
VDMA (Hrsg.), Geschäftsstelle MHI: Hinweise zur Anwendung der Kenngrößen Verfügbarkeit und Zuverlässigkeit (Informationsschrift). Frankfurt: VDMA 1992.

VDMA 1996
VDMA (Hrsg.); Reinhart, G., Lindermaier, R.: Montage-Systemfähigkeit. Frankfurt: Maschinenbauverlag (1996) 3.

WANG 1995
Wang, Y.: Methode für die simulationsunterstützte Optimierung am Beispiel von Montagesystemen. München: Carl Hanser 1995.

WARNECKE 1996
Warnecke, H.-J. (Hrsg.): Die Montage im flexiblen Produktionsbetrieb. Berlin: Springer 1996.

WECK 1994
Weck, M.: "Fähigkeitsuntersuchung" klärt die Zuverlässigkeit einer Werkzeugmaschine. VDI nachrichten (1994) 45, S. 20.

WEIDMANN 1996
Weidmann, A.: Situationssensitives Qualitätsmanagement für Hersteller komplexer Investitionsgüter. Aachen: Shaker 1996.

WEISE U.A. 1996
Weise, M.; van Veen, F.; Paranyi, G.: Qualitätsverbesserungen in kleinen und mittelständischen Unternehmen durch Anwendung eines

montageorientierten Qualitätsinformationssystems. In: MONQUIS-Konsortium (Hrsg.): Kurzdarstellung des EUREKA-FAMOS-Projektes MONQUIS. 1996.

WENDT 1992
Wendt, A.: Sensoren und Sensorsteuerungskonzepte für die Qualitätssicherung in flexibel automatisierten Montagesystemen Berlin: Springer 1992. (iwb-Forschungsberichte Nr. 57).

WIEGERSHAUS & SCHÖNHEIT 1991
Wiegershaus, U.; Schönheit, M.: Flexibilität differenziert beurteilen und planen. VDI-Z 133 (1991) 1, S. 37-40.

WIENDAHL & SCHULZ-KRATZENBERG 1991
Wiendahl, H. P.; Schulz-Kratzenberg, S.: Mehr Effizienz bei automatischen Montageanlagen. Technika (1991) 1, S. 17-23.

WIENDAHL & WALENDA 1988
Wiendahl, H. P.; Walenda, H.: Vorausberechnung technischer Kenngrößen automatischer Montageanlagen. VDI-Z 130 (1988) 4, S. 72-77.

WIENDAHL 1988
Wiendahl, H. P.: Nutzungsverbesserung flexibel automatisierter Montageanlagen, Fachseminar. Hannover: 1988.

WINKELHAKE 1989
Winkelhake, U.: Permanente Maschinendatenerfassung automatischer Montageanlagen. Düsseldorf: VDI-Verlag 1988.

WISBACHER 1992
Wisbacher, J.: Methoden zur rationellen Automatisierung der Montage von Schnellbefestigungselementen. Berlin: Springer (iwb-Forschungsberichte Nr. 49).

ZIERSCH 1985
Ziersch, W.-D.: Strategien zur Leistungssteigerung von automatischen Montageanlagen durch zuverlässige Zuführsysteme. Düsseldorf: VDI-Verlag 1985.

iwb Forschungsberichte

Berichte aus dem Institut für Werkzeugmaschinen und Betriebswissenschaften der Technischen Universität München

Herausgeber: Prof. Dr.-Ing. J. Milberg und Prof. Dr.-Ing. G. Reinhart

---

1 **Streifinger, E.**
Beitrag zur Sicherung der Zuverlässigkeit und Verfügbarkeit moderner Fertigungsmittel
1986. 72 Abb. 167 Seiten, ISBN 3-540-16391-3 — 68,- DM

2 **Fuchsberger, A.**
Untersuchung der spanenden Bearbeitung von Knochen
1986. 90 Abb. 175 Seiten, ISBN 3-540-16392-1 — 68,- DM

3 **Maier, C.**
Montageautomatisierung am Beispiel des Schraubens mit Industrierobotern
1986. 77 Abb. 144 Seiten, ISBN 3-540-16393-X — 68,- DM

4 **Summer, H.**
Modell zur Berechnung verzweigter Antriebsstrukturen
1986. 74 Abb. 197 Seiten, ISBN 3-540-16394-8 — 68,- DM

5 **Simon, W.**
Elektrische Vorschubantriebe an NC-Systemen
1986. 141 Abb. 198 Seiten, ISBN 3-540-16693-9 — 68,- DM

6 **Büchs, S.**
Analytische Untersuchungen zur Technologie der Kugelbearbeitung
1986. 74 Abb. 173 Seiten, ISBN 3-540-16694-7 — 68,- DM

7 **Hunzinger, I.**
Schneiderodierte Oberflächen
1986. 79 Abb. 162 Seiten, ISBN 3-540-16695-5 — 68,- DM

8 **Pilland, U.**
Echtzeit-Kollisionsschutz an NC-Drehmaschinen
1986. 54 Abb. 127 Seiten, ISBN 3-540-17274-2 — 68,- DM

9 **Barthelmeß, P.**
Montagegerechtes Konstruieren durch die Integration von Produkt- und Montageprozeßgestaltung
1987. 70 Abb. 144 Seiten, ISBN 3-540-18120-2 — 68,- DM

10 **Reithofer, N.**
Nutzungssicherung von flexibel automatisierten Produktionsanlagen
1987. 84 Abb. 176 Seiten, ISBN 3-540-18440-6 — 68,- DM

11 **Diess, H.**
Rechnerunterstützte Entwicklung flexibel automatisierter Montageprozesse
1988. 56 Abb. 144 Seiten, ISBN 3-540-18799-5 — 73,- DM

12 **Reinhart, G.**
Flexible Automatisierung der Konstruktion
und Fertigung elektrischer Leitungssätze
1988, 112 Abb. 197 Seiten, ISBN 3-540-19003-1 73,- DM

13 **Bürstner, H.**
Investitionsentscheidung in der rechnerintegrierten Produktion
1988, 77Abb. 190 Seiten, ISBN 3-540-19099-6 73,- DM

14 **Groha, A.**
Universelles Zellenrechnerkonzept für flexible Fertigungssysteme
1988, 74 Abb. 153 Seiten, ISBN 3-540-19182-8 73,- DM

15 **Riese, K.**
Klipsmontage mit Industrierobotern
1988, 92 Abb. 150 Seiten, ISBN 3-540-19183-6 73,- DM

16 **Lutz, P.**
Leitsysteme für rechnerintegrierte Auftragsabwicklung
1988, 44 Abb. 144 Seiten, ISBN 3-540-19260-3 73,- DM

17 **Klippel, C.**
Mobiler Roboter im Materialfluß eines flexiblen Fertigungssystems
1988, 86 Abb. 164 Seiten, ISBN 3-540-50468-0 73,- DM

18 **Rascher, R.**
Experimentelle Untersuchungen zur Technologie der Kugelherstellung
1989, 110 Abb. 200 Seiten, ISBN 3-540-51301-9 73,- DM

19 **Heusler, H.-J.**
Rechnerunterstützte Planung flexibler Montagesysteme
1989, 43 Abb. 154 Seiten, ISBN 3-540-51723-5 73,- DM

20 **Kirchknopf, P.**
Ermittlung modaler Parameter aus Übertragungsfrequenzgängen
1989, 57 Abb. 157 Seiten, ISBN 3-540-51724 73,- DM

21 **Sauerer, Ch.**
Beitrag für ein Zerspanprozeßmodell Metallbandsägen
1990, 89 Abb. 166 Seiten, ISBN 3-540-51868-1 78,- DM

22 **Karstedt, K.**
Positionsbestimmung von Objekten in der Montage-
und Fertigungsautomatisierung
1990, 92 Abb. 157 Seiten, ISBN 3-540-51879-7 78,- DM

23 **Peiker, St.**
Entwicklung eines integrierten NC-Planungssystems
1990, 66 Abb. 180 Seiten, ISBN 3-540-51880-0 78,- DM

24 **Schugmann, R.**
Nachgiebige Werkzeugaufhängungen für die automatische Montage
1990. 71 Abb. 155 Seiren, ISBN 3-540-52138-0 78,- DM

25 **Wrba, P**
Simulation als Werkzeug in der Handhabungstechnik
1990, 125 Abb., 178 Seiten, ISBN 3-540-52231-X 78,- DM

26 **Eibelshäuser, P.**
Rechnerunterstützte experimentelle Modalanalyse
mitells gestufter Sinusanregung
1990, 79 Abb., 156 Seiten, ISBN 3-540-52451-7 78,- DM

27 **Prasch, J.**
Computerunterstützte Planung von chirurgischen Eingriffen
in der Orthopädie
1990, 113 Abb., 164 Seiten, ISBN 3-540-52543-2 78,- DM

28 **Teich, K.**
Prozeßkommunikation und Rechnerverbund in der Produktion
1990, 52 Abb., 158 Seiten, ISBN 3-540-52764-8 78,- DM

29 **Pfrang, W.**
Rechnergestützte und graphische Planung manueller
und teilautomatisierter Arbeitsplätze
1990, 59 Abb., 153 Seiten, ISBN 3-540-52829-6 78,- DM

30 **Tauber, A.**
Modellbildung kinematischer Stukturen
als Komponente der Montageplanung
1990, 93 Abb., 190 Seiten, ISBN 3-540-52911-X 78,- DM

31 **Jäger, A.**
Systematische Planung komplexer Produktionssysteme
1991, 75 Abb., 148 Seiten, ISBN 3-540-53021-5 78,- DM

32 **Hartberger, H.**
Wissensbasierte Simulation komplexer Produktionssysteme
1991, 58 Abb., 154 Seiten, ISBN 3-540-53326-5 78,- DM

33 **Tuczek H.**
Inspektion von Karosseriepreßteilen auf Risse und Einschnürungen
mittels Methoden der Bildverarbeitung
1992, 125 Abb., 179 Seiten, ISBN 3-540-53965-4 88,- DM

34 **Fischbacher, J.**
Planungsstrategien zur strömungstechnischen Optimierung
von Reinraum-Fertigungsgeräten
1991, 60 Abb., 166 Seiten, ISBN 3-540-54027-X 78,- DM

35 **Moser, O.**
3D-Echtzeitkollisionsschutz für Drehmaschinen
1991, 66 Abb., 177 Seiten, ISBN 3-540-54076-8 78,- DM

36 **Naber, H.**
Aufbau und Einsatz eines mobilen Roboters mit
unabhängiger Lokomotions- und Manipulationskomponente
1991, 85 Abb., 139 Seiten, ISBN 3-540-54216-7 78,- DM

37 **Kupec, Th.**
Wissensbasiertes Leitsystem zur Steuerung flexibler Fertigungsanlagen
1991, 68 Abb., 150 Seiten, ISBN 3-540-54260-4 78,- DM

38 **Maulhardt, U.**
Dynamisches Verhalten von Kreissägen
1991, 109 Abb., 159 Seiten, ISBN 3-540-54365-1 — 78,– DM

39 **Götz, R.**
Stukturierte Planung flexibel automatisierter Montagesysteme
für flächige Bauteile
1991, 86 Abb., 201 Seiten, ISBN 3-540-54401-1 — 78,– DM

40 **Koepfer, Th.**
3D- grafisch-interaktive Arbeitsplanung - ein Ansatz
zur Aufhebung der Arbeitsteilung
1991, 74 Abb., 126 Seiten, ISBN 3-540-54436-4 — 78,– DM

41 **Schmidt, M.**
Konzeption und Einsatzplanung flexibel automatisierter
Montagesysteme
1992, 108 Abb., 168 Seiten, ISBN 3-540-55025-9 — 88,– DM

42 **Burger, C.**
Produktionsregelung mit entscheidungsunterstützenden
Informationssystemen
1992, 94 Abb., 186 Seiten, ISBN 5-540- 55187-5 — 88,– DM

43 **Hoßmann, J.**
Methodik zur Planung der automatischen Montage von nicht
formstabilen Bauteilen
1992, 73 Abb., 168 Seiten, ISBN 3-540-5520-0 — 88,– DM

44 **Petry, M.**
Systematik zur Entwicklung eines modularen Programm-
baukastens für robotergeführte Klebeprozesse
1992, 106 Abb., 139 Seiten ISBN 3-540-55374-6 — 88,– DM

45 **Schönecker, W.**
Integrierte Diagnose in Produktionszellen
1992, 87 Abb., 159 Seiten, ISBN 3-540-55375-4 — 88,– DM

46 **Bick, W.**
Systematische Planung hybrider Montagesyste unter
Berücksichtigung der Ermittlung des optimalen Automatisierungsgrades
1992, 70 Abb., 156 Seiten ISBN 3-540-55377-0 — 88,– DM

47 **Gebauer, L.**
Prozeßuntersuchungen zur automatisierten Montage
von optischen Linsen
1992, 84 Abb., 150 Seiten, ISBN 3-540- 55378-9 — 88,– DM

48 **Schrüfer, N.**
Erstellung eines 3D-Simulationssystems zur Reduzierung
von Rüstzeiten bei der NC-Bearbeitung
1992, 103 Abb., 161 Seiten, ISBN 3-540-55431-9 — 88,– DM

49 **Wisbacher, J.**
Methoden zur rationellen Automatisierung der Montage
von Schnellbefestigungselementen
1992, 77 Abb., 176 Seiten, ISBN 3-540-55512-9 — 88,– DM

50 **Garnich. F.**
Laserbearbeitung mit Robotern
1992, 110 Abb., 184 Seiten, ISBN 3-540- 55513-7 — 88,– DM

51 **Eubert, P.**
Digitale Zustandsregelung elektrischer Vorschubantriebe
1992, 89 Abb., 159 Seiten, ISBN 3-540-44441-2 88,- DM

52 **Glaas, W.**
Rechnerintegrierte Kabelsatzfertigung
1992, 67 Abb., 140 Seiten, ISBN 3-540-55749-0 88,- DM

53 **Helml, H.J.**
Ein Verfahren zur on-line Fehlererkennung und Diagnose
1992, 60 Abb., 153 Seiten, ISBN 3-540-55750-4 88,- DM

54 **Lang, Ch.**
Wissensbasierte Unterstützung der Verfügbarkeitsplanung
1992, 75 Abb., 150 Seiten, ISBN 3-540-55751-2 88,- DM

55 **Schuster, G.**
Rechnergestütztes Planungssystem für die flexibel automatisierte Montage
1992, 67 Abb., 135 Seiten, ISBN 3-540-55830-6 88,- DM

56 **Bomm, H.**
Ein Ziel- und Kennzahlensystem zum Investitionscontrolling komplexer Produktionssysteme
1992, 87 Abb., 195 Seiten, ISBN 3-540-55964-7 88,- DM

57 **Wendt, A.**
Qualitätssicherung in flexibel automatisierten Montagesystemen
1992, 74 Abb., 179 Seiten, ISBN 3-540-56044-0 88,- DM

58 **Hansmaier, H.**
Rechnergestütztes Verfahren zur Geräuschminderung
1993, 67 Abb., 156 Seiten, ISBN 3-540-56043-2 88,- DM

59 **Dilling, U.**
Planung von Fertigungssystemen unterstützt durch Wirtschaftlichkeitssimulation
1993, 72 Abb., 146 Seiten, ISBN 3-540-56307-5 88,- DM

60 **Strohmayr, R.**
Rechnergestützte Auswahl und Konfiguration von Zubringeeinrichtungen
1993, 80 Abb., 152 Seiten, ISBN 3-540-56652-X 88,- DM

61 **Glas, J.**
Standardisierter Aufbau anwendungsspezifischer Zellenrechnersoftware
1993, 80 Abb., 145 Seiten, ISBN 3-540-56890-5 88,- DM

62 **Stetter, R.**
Rechnergestützte Simulationswerkzeuge zur Effizienzsteigerung des Industrierobotereinsatzes
1994, 91 Abb., 146 Seiten, ISBN 3-540-568891 88,- DM

63 **Dirndorfer, A.**
Robotersysteme zur förderbandsynchronen Montage
1993, 76 Abb, 144 Seiten, ISBN 3-540-57031-4 88,- DM

64 **Wiedemann, M.**
Simulation des Schwingungsverhaltens spanender Werkzeugmaschinen
1993, 81 Abb., 137 Seiten, ISBN 3-540-57177-9 88,- DM

65 **Woenckhaus, Ch.**
Rechnergestütztes System zur automatisierten 3D-Layoutoptimierung
1994, 81 Abb., 140 Seiten,ISBN 3540-57284-8 88,- DM

66 **Kummetsteiner, G.**
3D-Bewegungssimulation als integratives Hilfsmittel zur Planung manueller Montagesysteme
1994, 62 Abb.; 146 Seiten, ISBN 3-540-57535-9 88,– DM

67 **Kugelmann, F.**
Einsatz nachgiebiger Elemente zur wirtschaftlichen Automatisierung von Produktionssystemen
1993, 76 Abb., 144 Seiten, ISBN 3-540-57549-9 88,– DM

68 **Schwarz, H.**
Simulationsgestützte CAD/CAM-Kopplung für die 3D-Laserbearbeitung mit integrierter Sensorik
1994, 96 Abb., 148 Seiten, ISBN 3-540-57577-4 88,– DM

69 **Viethen, U.**
Systematik zum Prüfen in Flexiblen Fertigungssytemen
1994, 70 Abb., 142 Seiten, ISBN 3-540-57794-7 88,– DM

70 **Seehuber, M.**
Automatische Inbetriebnahme geschwindigkeitsadaptiver Zustandsregler
1994, 72 Abb., 155 Seiten, ISBN 3-540-57896-X 88,– DM

71 **Amann, W.**
Eine Simulationsumgebung für Planung und Betrieb von Produktionssystemen
1994, 71 Abb., 129 Seiten, ISBN 3-540-57924-9 88,– DM

72 **Schöpf, M.**
Rechnergestützes Projektinformations- und Koordinationssystem für das Fertigungsvorfeld
1997, 63 Abb., 130 Seiten, ISBN 3-540-58052-2 88,– DM

73 **Welling, A.**
Effizienter Einsatz bildgebender Sensoren zur Flexibilisierung automatisierter Handhabungsvorgänge
1994, 66 Abb., 139 Seiten, ISBN 3-540-580-0 88,– DM

74 **Zetlmayer, H,**
Verfahren zur simulationsgestützen Produktionsregelung in der Einzel- und Kleinserienproduktion
1994, 62 Abb., 143 Seiten, ISBN 3-540-58134-0 88,– DM

75 **Lindl, M.**
Auftragsleittechnik für Konstruktion und Arbeitsplanung
1994, 66 Abb,. 147 Seiten, ISBN 3-540-58221-5 88,– DM

76 **Zipper, B.**
Das integrierte Betriebsmittelwesen – Baustein einer flexiblen Fertigung
1994, 64 Abb., 147 Seiten, ISBN 3-540-58222-3 88,– DM

77 **Raith, P.**
Programmierung und Simulation von Zellenabläufen in der Arbeitsvorbereitung
1995, 51 Abb., 130 Seiten, ISBN 3-540-58223-1 88,– DM

78 **Engel, A.**
Strömungstechnische Optimierung von Produktionssystemen durch Simulation
1994, 69 Abb., 160 Seiten, ISBN 3-540-58258-4 88,– DM

79 **Zäh, M. F.**
Dynamisches Prozeßmodell Kreissägen
1995, 95 Abb., 186 Seiten, ISBN 3-540-58624-5 88,– DM

80 **Zwanzer, N.**
Technologisches Prozeßmodell für die Kugelschleifbearbeitung
1995, 65 Abb., 150 Seiten, ISBN 3-540-58634-2 88,– DM

81 **Romanow, P.**
Konstruktionsbegleitende Kalkulation von Werkzeugmaschinen
1995, 66 Abb., 151 Seiten, ISBN 3-540-58771-3 88,– DM

82 **Kahlenberg, R.**
Integrierte Qualitätssicherung in flexiblen Fertigungszellen
1995, 71 Abb., 136 Seiten, ISBN 3-540-58772-1 88,– DM

83 **Huber, A.**
Arbeitsfolgenplannung mehrstufiger Prozesse in der Hartbearbeitung
1995, 87 Abb., 152 Seiten, ISBN 3-540-58773-X 88,– DM

84 **Birkel, G.**
Aufwandsminimierter Wissenserwerb für die Diagnose in flexiblen Produktionszellen
1995, 64 Abb., 137 Seiten, ISBN 3-540-58869-8 88,– DM

85 **Simon, D.**
Fertigungsregelung durch zielgrößenorientierte Planung und logistisches Störungsmanagment
1995, 77 Abb., 132 Seiten, ISBN 3-540-58942-2 88,– DM

86 **Nedeljkovic-Groha, V.**
Systematische Planung anwendungsspezifischer Materialflußsteuerungen
1995, 94 Abb., 188 Seiten, ISBN 3-540-58953-8 88,– DM

87 **Rockland, M.**
Flexibilisierung der automatischen Teilebereitstellung in Montageanlagen
1995, 83 Abb., 151 Seiten, ISBN 3-540-58999-6 88,– DM

88 **Linner, St.**
Konzept einer integrierten Produktentwicklung
1995, 67 Abb., 168 Seiten, ISBN 3-540-59016-1 88,– DM

89 **Eder, Th.**
Integrierte Planung von Informationssystemen für rechnergestützte Produktionssysteme
1995, 62 Abb., 150 Seiten, ISBN 3-540-59084-6 88,– DM

90 **Deutschle, U.**
Prozeßorientierte Organisation der Auftragsentwicklung in mittelständischen Unternehmen
1995, 80 Abb., !88 Seiten, ISBN 3-540-59337-3 88,– DM

91 **Dieterle, A.**
Recyclingintegrierte Produktentwicklung
1995, 68 Abb., 146 Seiten, ISBN 3-540-60120-1 88,– DM

92 **Hechl, Chr**
Personalorientierte Montageplanung für komplexe und variantenreiche Produkte
1995, 73 Abb., 158 Seiten, ISBN 3-540-60325-5 88,– DM

93 **Albertz, F.**
Dynamikgerechter Entwurf von Werkzeugmaschinen – Gestellstrukturen
1995, 83 Abb., 156 Seiten, ISBN 3-540-60606-8 88,– DM

94 **Trunzer, W.**
Strategien zur On-Line Bahnplanung bei Robotern mit 3D-Konturfolgesensoren
1996, 101 Abb., 164 Seiten, ISBN 3-540-60961-X 88,– DM

95 **Fichtmüller, N.**
Rationalisierung durch flexible, hybride Montagesysteme
1996, 83 Abb., 145 Seiten, ISBN 3-540-60960-1 88,– DM

96 **Trucks, V.**
Rechnergestützte Beurteilung von Getriebestrukturen in Werkzeugmaschinen
1996, 64 Abb., 141 Seiten, ISBN 3-540-60599-8 88,– DM

97 **Schäffer, G.**
Systematische Integration adaptiver Produktionssysteme
1996, 71 Abb., 170 Seiten, ISBN 3-540-60958-X 88,– DM

98 **Koch, M. R.**
Autonome Fertigungszellen – Gestaltung, Steuerung und integrierte Störungsbehandlung
1996, 67 Abb., 138 Seiten, ISBN 3-540-61104-5 88,– DM

99 **Moctezuma de la Barrera, J. L.**
Ein durchgängiges System zur computer- und roboterunterstützten Chirurgie
1996, 99Abb., 175 Seiten, ISBN 3-540-61145-2 88,– DM

100 **Geuer, A.**
Einsatzpotential des Rapid Prototyping in der Produktentwicklung
1996, 84 Abb., 154 Seiten, ISBN 3-540-61495-8 88,– DM

101 **Ebner, C**
Ganzheitliches Verfügbarkeits- und Qualitätsmanagement unter Verwendung von Felddaten
1996, 67 Abb., 132 Seiten, ISBN 3-540-61678-0 88,– DM

102 **Pischeltsrieder, K.**
Steuerung autonomer mobiler Roboter in der Produktion
1996, 74 A., 171 Seiten, ISBN 3-540-61714-0 88,– DM

103 **Köhler, R.**
Disposition und Materialbereitstellung bei komplexen variantenreichen Kleinserienprodukten
1997, 62 Abb., 177 Seiten, ISBN 3-540-62024-9 88,– DM

104 **Feldmann. Ch.**
Eine Methode für die integrierte rechnergestützte Montageplanung
1997, 71 Abb., 163 Seiten, ISBN 3-540-62059-1 88,– DM

105 **Lehmann, H.**
Integrierte Materialfluß- und Layoutplanung durch Kopplung von CAD- und Ablaufsimulationssystem
1997, 96 Abb., 191 Seiten, ISBN 3-540-62202-0 — 88,– DM

106 **Wagner, M.**
Steuerungsintegrierte Fehlerbehandlung für maschinennahe Abläufe
1997, 94 Abb., 164 Seiten, ISBN 3-540-62656-5 — 88,– DM

107 **Lorenzen, J.**
Simulationsgestützte Kostenanalyse in produktorientierten Fertigungsstrukturen
1997, 63 Abb., 129 Seiten, ISBN 3-540-62794-4 — 88,– DM

108 **Krönert, U.**
Systematik für die rechnergestützte Ähnlichteilsuche und Standardisierung
1997, 53 Abb., 127 Seiten, ISBN 3-540-63338-3 — 88,– DM

109 **Pfersdorf, I.**
Entwicklung eines systematischen Vorgehens zur Organisation des industriellen Service
1997, 74 Abb., 172 Seiten, ISBN 3-540-63615-3 — 88,– DM

110 **Kuba, R.**
Informations- und kommunikationstechnische Integration von Menschen in der Produktion
1997, 77 Abb., 155 Seiten, ISBN 3-540-63642-0 — 88,– DM

111 **Kaiser, J.**
Vernetztes Gestalten von Produkt und Produktionsprozeß mit Produktmodellen
1997, 67 Abb., 139 Seiten, ISBN 3-540-63999-3 — 88,– DM

112 **Geyer, M.**
Flexibles Planungssystem zur Berücksichtigung ergonomischer Aspekte bei der Produkt- und Arbeitssystemgestaltung
1997, 85 Abb., 154 Seiten, ISBN 3-540-64195-5 — 88,– DM

113 **Martin, C.**
Produktionsregelung – ein modularer, modellbasierter Ansatz
1998, 73 Abb., 162 Seiten, ISBN 3-540-64401-6 — 88,– DM

115 **Lindermaier, R.**
Qualitätsorientierte Entwicklung von Montagesystemen
1998, 84 Abb., 164 Seiten, ISBN 3-540-64686-8 — 88,– DM

Die Bände sind im Erscheinungsjahr und in den folgenden drei Kalenderjahren zu beziehen durch den örtlichen Buchhandel oder durch
Lange & Springer, Otto-Suhr-Allee 26-28, 10585 Berlin